"十三五"高等职业教育机电类专业规划教材

数控机床操作教程

主　编　徐文静　于海祥

副主编　李玉莉　边东岩

参　编　马　丽　张卫卫　任志强　张铁创　陈　博　靳继红

中国铁道出版社有限公司

CHINA RAILWAY PUBLISHING HOUSE CO., LTD.

内 容 简 介

本书为数控加工技能培训用书,内容上涵盖了国家职业标准数控(中、高级)的知识和技能要求。本书以"突出技能,重在实用,淡化理论,够用为度"为指导思想,理论与实践相结合,以实习教学为重点,注重培养"动手能力"为原则,结合教学设备的具体情况和多年的教学经验编写而成的一体化教材。本书以技能为本,采用模块教学的模式,重视技能方面的指导,确保达到数控操作中、高级的培养目标。本书主要内容包括:数控车床加工技术、数控铣床/加工中心加工技术、电火花成型加工及线切割技术。

本书可作为高等职业院校和培训机构的训练用书,也可供有关技术人员参考使用。

图书在版编目(CIP)数据

数控机床操作教程/徐文静,于海祥主编 . —北京:中
国铁道出版社,2017.3(2023.7 重印)
"十三五"高等职业教育机电类专业规划教材
ISBN 978-7-113-22817-0

Ⅰ. ①数… Ⅱ. ①徐… ②于… Ⅲ. ①数控机床—操
作—高等职业教育—教材 Ⅳ. ①TG659

中国版本图书馆 CIP 数据核字(2017)第 012261 号

书　　　名:数控机床操作教程
作　　　者:徐文静　于海祥

策　　　划:杜 茜　　　　　　　　　　　　编辑部电话:(010)63560043
责任编辑:何红艳
编辑助理:钱　鹏
封面设计:付　巍
封面制作:白 雪
责任校对:张玉华
责任印制:樊启鹏

出版发行:中国铁道出版社有限公司(100054,北京市西城区右安门西街 8 号)
网　　　址:http://www.tdpress.com/51eds/
印　　　刷:天津嘉恒印务有限公司
版　　　次:2017 年 3 月第 1 版　　2023 年 7 月第 2 次印刷
开　　　本:787 mm×1 092 mm　1/16　印张:14　字数:327 千
书　　　号:ISBN 978-7-113-22817-0
定　　　价:33.00 元

前　言

"数控机床操作"是数控技术专业核心课之一。它是基于"数控机床编程与操作"课程的学习并与之配套进行常见数控机床常规操作的技能强化训练课程,是使学生具备数控机床基本操作技能,继而掌握数控加工技术应用能力必不可少的强有力支撑,并为学生将来成为优秀的数控加工技术人才打下坚实的基础。

本书主要是对学生进行常见数控机床基本操作技能的传授和强化训练。通过学习,学生能够熟练掌握数控机床的程序编制、操作方法、操作步骤,了解一般的安全文明生产知识、数控加工工艺知识、质量管理知识,经过强化训练,使学生能够完成典型零件加工程序的编程以及实际加工,并具有获得数控操作工职业技能鉴定中、高级等级证书的能力。

党的二十大报告在加快构建新发展格局,着力推动高质量发展方面提出:"建设现代化产业体系。坚持把发展经济的着力点放在实体经济上,推进新型工业化,加快建设制造强国、质量强国、航天强国、交通强国、网络强国、数字中国。实施产业基础再造工程和重大技术装备攻关工程,支持专精特新企业发展,推动制造业高端化、智能化、绿色化发展。巩固优势产业领先地位,在关系安全发展的领域加快补齐短板,提升战略性资源供应保障能力。推动战略性新兴产业融合集群发展,构建新一代信息技术、人工智能、生物技术、新能源、新材料、高端装备、绿色环保等一批新的增长引擎。"本书为贯彻党的二十大精神,落实立德树人根本任务,以国家制造业高端化、智能化、绿色化发展为依据,培养德、智、体、美、劳全面发展,具有与本专业领域方向相适应的文化水平与素质、良好的职业道德和创新精神,掌握本专业领域方向的技术知识,具备相应实践技能以及较强的实际工作能力,掌握数控加工工艺和数控加工程序编制,熟练进行数控加工设备的操作和维护的高素质技能人才。在课程体系中,核心能力、行业通用能力和跨行业职业能力充分体现高职教育提高学生的综合职业素质,保证学生可持续发展能力的思路,专业特定能力必须满足高素质复合型技术技能人才培养的特色和职业资格的标准要求。

本课程是高等职业院校数控专业实训课程,是学生学习机械切削加工的专业课程。其功能与教学目的是使学生对数控机床加工专业知识和专业技能有深刻认识与理解,使学生具备从事机械加工基本专业技能,并为学生就业打下良好的基础。

本课程以就业为导向,在机械行业有关专家与本校专业教师共同反复研讨下,结合专业教学经验与专业工作过程特点,对数控专业进行任务与职业能力分析,以实际工作过程为导向，以数控机床所需要的岗位职业能力为依据，根据学生的认知与技能特点，采用循序渐进与典型案例相结合的方式来展现教学内容，通过相关理论、操作实训分析与讲解等工作课题来组织教学，倡导学生在模块实施过程中掌握各种编程指令与操作技能，使学生初步具备实际操作的专业技能。

本书特色：实用为主、注重技能、教法创新、形式多样。本书由徐文静、于海祥任主编，李玉莉、边东岩任副主编。马丽、张卫卫、任志强、张铁创、陈博、靳继红参与编写。

在本书编写过程中，得到了企业和一些兄弟院校的大力支持，在此表示衷心的感谢！书中难免存在疏漏及不足之处，恳请读者批评指正。

编　者

2023 年 6 月

目　录

第一单元　数控车床加工技术

模块一　数控车床基础知识

随着科学技术和社会生产的迅速发展,机械产品结构日趋复杂,对机械产品质量和生产率的要求越来越高。在航空航天、军工和计算机等工业中,由于零件精度高、形状复杂、批量少、经常改动,加工困难,而使生产效率低,劳动强度大,质量难以保证。使机械加工工艺过程自动化和智能化是适应上述发展特点的最重要手段。制造业是百业之母,随着中国改革开放以来制造业的进步,与制造业息息相关的数控技术也高速发展,在越来越多的领域、行业得到广泛应用,尤其是高速度、高效率、高精度的数控技术更是航空航天、汽车制造等多个行业争相发展的对象。

数控车床作为数控技术中历史最悠久、应用最广泛的类型,其普及和进步极大地推动了数控技术的向前发展。数控车床是以 CNC 系统为核心,综合了计算机、自动控制、机电一体化、PLC、液压、传感器等技术为基础发展起来的一种综合型通用制造设备。数控车床自出现以来,以其可靠性高、加工产品质量稳定、生产效率高、劳动强度低、操作方便等优点,在制造业中迅速普及。使用数控车床加工的零件主要是简单轴类零件、复杂轴类零件、螺纹零件、复杂成形曲面零件、盘套类零件及盖类零件等,数控车床作为主要的加工设备,近年来显现出向多功能发展的趋势。数控车床作为先进的、应用最广泛的制造业加工设备之一,在国民生产中占有重要地位,它与数控铣床、加工中心一起成为现代制造业的三大支柱。

课题一　入门知识

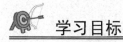 学习目标

1. 了解数控技术的基本概念、功能、工作原理及数控机床的结构组成。

2. 通过本课题学习,理解数控车床的工作流程,掌握数控机床文明生产及安全技术。

相关知识

1. 数控加工技术应用

数控技术,简称数控(Numerical Control)。它是利用数字化的信息对机床运动及加工过程进行控制的一种方法。用数控技术实施加工控制的机床,或者说装备了数控系统的机床称为数控(NC)机床。数控技术是一门集计算机技术、自动化控制技术、测量技术、现代机械制造技术、微电子技术、信息处理技术等多科学交叉的综合技术,是近年来应用领域中发展十分迅速的一项综合性的高新技术。它是为适应高精度、高速度、复杂零件的加工而出现的,是实现自动化、数字化、柔性化、信息化、集成化、网络化的基础,是现代机床装备的灵魂和核心,有着广泛的应用领域和广阔的应用前景。

数控(NC)是数字控制(Numerical Control)的英文简称。它是指用数字、文字和符号组成的数字指令来实现一台或多台机械设备动作控制的技术。其技术涉及多个领域:①机械制造技术;②信息处理、加工、传输技术;③自动控制技术;④伺服驱动技术;⑤传感器技术;⑥软件技术等。

CNC(计算机数控)是 Compute Numerical Control 的英文简称。它是采用计算机实现数字程序控制的技术。这种技术是用计算机按事先存储的控制程序来执行对设备的运动轨迹和外设操作时序的逻辑控制功能。由于采用计算机替代原先用硬件逻辑电路组成的数控装置,使输入操作指令的存储、处理、运算、逻辑判断等各种控制机能的实现,均可通过计算机软件来完成,处理生成的微观指令传送给伺服驱动装置驱动电动机或液压执行元件带动设备运行。

DNC(直接数控)是 Direct Numerical Control 的英文简称。它是用电子计算机对具有数控装置的机床群直接进行联机控制和管理。直接数控又称群控,控制的机床由几台至几十台。直接数控是在数控 (NC)和计算机数控(CNC)基础上发展起来的。

微机数控(MNC)是微型计算机数控(Micro computer Numerical Control)的英文简称。它是指使用微处理器和半导体存储器的微型计算机数控装置。

数控机床(Numerical Controled Machine Tool),是用数字代码形式的信息(程序指令),控制刀具按给定的工作程序、运动速度和轨迹进行自动加工的机床,简称数控机床。

2. 数控技术工作原理及工作流程

(1)工作原理

数控机床是机、电、液、气、光高度一体化的产品,是精密机械和自动化技术的综合体。它把机械加工过程中的各种控制信息用代码化的数字表示,并通过信息载体输入数控装置。经运算处理由数控装置发出各种控制信号,控制机床的动作,并按图样要求的形状和尺寸,自动地将零件加工出来。

(2)数控车床工作流程

①首先根据数控车床零件加工图样进行工艺分析,确定加工方案、工艺参数和位移数据。

②用规定的数控车床程序代码和格式规则编写零件加工程序单;或用自动编程软件进行CAD/CAM 工作,直接生成零件的加工程序文件。

③将数控车床加工程序的内容以代码形式完整记录在信息介质(如穿孔带或磁带)上。

④通过阅读机把信息介质上的代码转变为电信号,并输送给数控装置。由手工编写的程序,可以通过数控机床的操作面板输入程序;由编程软件生成的程序,可通过计算机的串行通信接口直接传输到数控单元(MCU)。

⑤数控装置将所接受的信号进行一系列处理后,再将处理结果以脉冲信号形式向伺服系统发出执行命令。

⑥数控车床伺服系统接到执行的信息指令后,立即驱动车床进给机构严格按照指令的要求进行位移,使车床自动完成相应零件的加工。

3. 数控技术的发展趋势

从目前国际上数控技术及其装备发展的趋势来看,其主要研究热点有以下几个方面:

(1)性能发展方向

速度、精度和效率是机械制造技术的关键性能指标。由于采用了高速 CPU 芯片、RISC 芯片、多 CPU 控制系统以及带高分辨率绝对式检测元件的交流数字伺服系统,同时采取了改善机床动态、静态特性等有效措施,机床的高速、高精度、高效化已大大提高。在加工精度方面,近 10 年来,普通级数控机床的加工精度已由 $10~\mu m$ 提高到 $5~\mu m$,精密级加工中心则从 $3\sim 5~\mu m$,提高到 $1\sim 1.5~\mu m$,并且超精密加工精度已能达到纳米级($0.01~\mu m$)。在可靠性方面,国外数控装置的 MTBF 值已达 $6\,000$ h 以上,伺服系统的 MTBF 值达到 $30\,000$ h,表现出非常高的可靠性。为了实现高速、高精度加工,与之配套的功能部件如电主轴、直线电动机得到了快速的发展,应用领域进一步扩大。

(2)功能发展方向

用户界面是数控系统与使用者之间的对话接口。由于不同用户对界面的要求不同,因而开发用户界面的工作量极大,用户界面成为计算机软件研制中最困难的部分之一。当前 lnternet、虚拟实现、科学技术可视化及多媒体低昂技术也对用户界面提出了更高的要求。图形用户界面极大地方便了非专业用户的使用,人们可以通过窗口和菜单进行操作,便于蓝图编程和快速编程、三维色彩立体动态图显示、图形模拟、图形动态跟踪和仿真、不同方向的视图和局部显示比例缩放功能的实现。

(3)体系结构的发展

采用高度集成化 CPU、RISC 芯片和大规模可编程集成电路 FPGA、EPLD、CPLD 以及专用集成电路 ASIC 芯片,可提高数控系统的集成度和软硬件运行速度。应用 FPD 平板显示器具有科技含量高、质量轻、体积小、功耗低、便于携带等优点,可实现超大尺寸显示,成为和 CRT 抗衡的新兴显示技术,是 21 世纪显示技术的主流。应用先进封装和互联技术,将半导体和表面安装技术融为一体。通过提高集成电路密度、减少互联长度和数量来降低产品价格,改进性能,减小组件尺寸,提高系统的可靠性。

4. 文明生产及安全技术

(1)开机前,应当遵守以下操作规程:

①穿戴好劳保用品,不要戴手套操作机床。

②详细阅读机床的使用说明书,在未熟悉机床操作前,切勿随意动机床,以免发生安全

事故。

③操作前必须熟知每个按钮的作用以及操作注意事项。

④注意机床各个部位警示牌上所警示的内容。

⑤按照机床说明书要求加装润滑油、液压油、切削液,接通外接气源。

⑥机床周围的工具要摆放整齐,以便于拿放。

⑦加工前必须关上机床的防护门。

(2)在加工操作中,应当遵守以下操作规程:

①文明生产,精力集中,杜绝酗酒和疲劳操作;禁止打闹、闲谈、睡觉和任意离开岗位。

②机床在通电状态时,操作者千万不要打开和接触机床上标示有闪电符号的、装有强电装置的部位,以防被电伤。

③注意检查工件和刀具是否装夹正确、可靠;在刀具装夹完毕后,应当采用手动方式进行试切。

④机床运转过程中,不要清除切屑,要避免用手接触机床运动部件。

⑤清除切屑时,要使用一定的工具,应当注意不要被切屑划破手脚。

⑥要测量工件时,必须在机床停止状态下进行。

⑦在打雷时,不要开机床。因为雷击时的瞬时高电压和大电流易冲击机床,可导致模块被烧坏或丢失改变数据,造成不必要的损失。

(3)工作结束后,应当遵守以下操作规程:

①如实填写好交接班记录,发现问题要及时反映。

②要打扫干净工作场地,擦拭干净机床,应注意保持机床及控制设备的清洁。

③切断系统电源,关好门窗后才能离开。

5. 数控车床实训特点

①自动化程度高,可以减轻操作者的体力劳动强度。数控加工过程是按输入的程序自动完成的,操作者只需起始对刀、装卸工件、更换刀具,在加工过程中,主要是观察和监督机床运行。但是,由于数控机床的技术含量高,操作者的脑力劳动强度相应提高。

②加工零件精度高、质量稳定。数控机床定位精度和重复定位精度都很高,较容易保证一批零件尺寸的一致性,只要工艺设计和程序正确合理,加之细心操作,就可以保证零件获得较高的加工精度,也便于对加工过程实行质量控制。

③生产效率高。数控机床加工是能在一次装夹中加工多个表面,一般只需检测首件,所以可以省去普通机床加工时的部分中间工序,如划线、尺寸检测等,减少了辅助时间,而且由于数控加工出的零件质量稳定,为后续工序带来方便,其综合效率明显提高。

④便于新产品研制和改型。数控加工一般不需要很多复杂的工艺装备,只需要通过编制加工程序就可把形状复杂和精度要求较高的零件加工出来,当产品改型,更改设计时,只要改变程序,而不需要重新设计工装。所以,数控加工能大大缩短产品研制周期,为新产品的研制开发、产品的改进、改型提供了捷径。

⑤可向更高级的制造系统发展。数控机床及其加工技术是计算机辅助制造的基础。

⑥初始投资较大。这是由数控机床设备费用高,首次加工准备周期较长,维修成本高等因

素造成的。

⑦维修要求高。数控机床是技术密集型机电一体化的典型产品,需要维修人员既懂机械,又要懂微电子维修方面的知识,同时还要配备较好的维修装备。

 操作实训

现场参观实习工件和生产产品。

 思考与练习

1. 写出数控车床安全操作规程。
2. 简述数控车床的发展方向。

课题二　数控车床加工基础

 学习目标

1. 了解数控车床的组成及普通车床与数控车床的区别。
2. 认识数控加工工艺特点、GSK980TD 系统面板功能,使初学者初步了解数控加工知识,并对 GSK980TD 系统数控车床有初步的认识。

 相关知识

1. 数控车床简介

数控车床又称为 CNC(Computer Numerical Control)车床,即用计算机以数字信号控制的车床。它是一种比较理想的回转体零件自动化加工设备。主要用于轴类零件和轮盘类零件的内、外圆柱面,任意角度的内、外圆锥面,复杂回转内、外曲面和圆柱、圆锥螺纹等的切削加工,并能进行切槽、钻孔、扩孔、铰孔及镗孔等操作。

2. 数控车床的基本组成

数控车床由床身、数控装置、主轴系统、刀架进给系统、尾座、液压系统、冷却系统、润滑系统、排屑系统等部分组成。其中数控装置、主轴系统、刀架进给系统是数控车床的核心部件。普遍使用的数控车床结构图如图 1.1.1 所示,本书主要介绍广州数控设备公司生产的GSK980TD 数控系统。

图 1.1.1　数控车床结构图

3. 普通卧式车床与数控车床的主要区别

普通卧式车床是靠手工操作来完成各种切削加工的,而数控车床是将编制好的加工程序输入到数控系统中,由数控系统通过车床 X、Z 坐标轴的伺服电动机去控制车床进给运动部件的动作顺序、移动量和进给速度,并通过主轴转速、转向及自动换刀系统,达到加工出各种形状的轴类或盘类回转体零件的目的。因此,数控车床是目前使用较为广泛的车床。数控车床的主轴、尾架等部件的布局形式与普通车床基本一致,而床身结构和导轨的布局则发生了根本性的变化。图 1.1.2 所示为大连机床厂生产的普通车床 CDE6140 和数控车床 CKA6136 的外观图。

（a）普通车床CDE6140　　　　　　　　　　（b）数控车床CKA6136

图 1.1.2　普通车床 CDE6140 和数控车床 CKA6136

4. GSK980TD 系统功能

数控机床加工过程中的动作应事先在加工程序中用指令的方式予以规定,这类指令有准备功能 G、辅助功能 M、刀具功能 T、主轴转速功能 S 和进给功能 F 等。

（1）准备功能 G 指令

表 1.1.1 列出了 GSK980T 数控车床系统常用准备功能指令。

表 1.1.1　GSK980T 系统常用 G 指令

代码	组别	意　义	格　式
☆G00		快速定位	G00X(U)_Z_(W)_
G01		直线插补	G01X(U)_Z(W)_F_
G02	01	圆弧插补（顺时针方向 CW）	G02 X_Z_R_F_ 或 G02 X_Z_I_K_F_
G03		圆弧插补（逆时针方向 CCW）	G03 X_Z_R_F_ 或 G03 X_Z_I_K_F_
G04	00	暂停	G04 P_;（单位:0.001 秒） G04 X_;（单位:秒） G04 U_;（单位:秒）
G28		自动返回机械原点	G28 X(U)_Z(W)_
G32	01	切螺纹	G32X(U)_Z(W)_F_（公制螺纹） G32X(U)_Z(W)_I_（英制螺纹）

代码	组别	意　义	格　式
☆G40	07	取消刀具半径补偿	G40 G00/G01 X _ Z _
G41		刀尖圆弧半径左补偿	G41 G00/G01 X _ Z _
G42		刀尖圆弧半径右补偿	G42 G00/G01 X _ Z _
G50	00	坐标系设定	G50 X(x)_ Z(z)_
G70		精加工循环	G70 P(NS)_ Q(NF)_
G71		外圆粗车循环	G71U(ΔD)_ R(E)_ F(F)_ G71 P(NS)_ Q(NF)_ U(ΔU)_ W(ΔW)_ S(S)_ T(T)_
G72		端面粗车循环	G72W_ (ΔD)_ R(E)_ F(F)_ G72 P(NS)_ Q(NF)_ U(ΔU)_ W(ΔW)_ S(S)_ T(T)_
G73		封闭切削循环	G73 U(ΔI)_ W(ΔK)_ R(D)_ F(F)_ G73 P(NS)_ Q(NF)_ U(ΔU)_ W(ΔW)_ S(S)_ T(T)_
G74		端面深孔加工循环	G74 R(e)_ G74 X(U)_ Z(W)_ P(Δi)_ Q(Δk)_ R(Δd)_ F(f)_
G75		外圆、内圆切槽循环	G75 R(e)_ G75 X(U)_ Z(W)_ P(Δi)_ Q(Δk)_ R(Δd)_ F(f)_
G76		复合型螺纹切削循环	G76 P(m)_ (r)(a)_ Q(Δd_{min})_ R(d)_ G76 X(U)_ Z(W)_ R(i)_ P(k)_ Q(Δd)_ F(L)_
G90	01	外圆、内圆车削循环	G90X(U)_Z(W)_R_F_
G92		螺纹切削循环	G92X(U)_ Z(W)_ F_(公制螺纹) G92X(U)_ Z(W)_ I_(英制螺纹)
G94		端面车削循环	G94 X(U)_Z(W)_F_
☆G98	03	每分钟进给	G98
G99		每转进给	G99

注:带☆号的 G 指令表示接通电源时,即为该 G 指令状态。00 组 G 指令为非模态 G 指令,其他均为模态 G 指令。编程时 G00、G01、G02、G03、G04 可简写为 G0、G1、G2、G3、G4。

（2）辅助功能 M 指令

表 1.1.2 列出了 GSK980T 数控车床系统常用辅助功能指令。

表 1.1.2　GSK980T 数控车床系统常用辅助功能指令

代码	意　义	格　式
M00	程序暂停,按"循环启动"程序继续执行	
M03	主轴正转	
M04	主轴反转	
M05	主轴停止	

续表

代码	意　　义	格　　式
M08	冷却液开	
M09	冷却液关	
M30	程序结束	
M98	子程序调用	M98 Pxxxxnnnn
M99	子程序结束	M99

注:编程时,M 指令中数字前面的 0 可省略,如 M00、M03 可简写为 M0、M3

（3）F、S、T 功能

①F 功能:指定进给速度。

每分钟进给（G98）:系统在开机状态时,只有输入 G99 后,G98 才被取消。G98 后的 F 功能用于指定进给速度,单位为 mm/min。

每转进给（G99）:G99 程序段后的 F 功能用于指定进给速度,单位为 mm/r,只有输入 G98 后,将保持 G98 状态,直到被 G99 取消为止。

②S 功能:转速功能。

恒线速控制 G96:G96 指令中的 S 指定的是主轴的线速度,单位为 m/min。此指令一般在车削盘类零件的端面或零件直径变化较大的情况下采用,这样可以保证直径变化,但主轴的线速度不变,从而保证切削速度不变,使得工件表面的粗糙度保持一致。加工端面和特形面时,随直径变化切削速度不变,以保证工件表面质量的统一。

G96 S250:表示设定的线速度控制在 250 m/min。

恒转速控制 G97:G97 指令中的 S 指定的是主轴转速,单位为 r/min。该状态一般为数控车床的默认状态,通常,在一般加工情况下都采用这种方式,特别是车削螺纹时,必须设置成恒转速控制方式。

注:在非无极变速机床中 G96 不可用,S 后通常用 01、02 表示挡位。

③T 功能:刀具功能,GSK980 系统中,T 后跟四位数字。如 T0101:前两位 01 表示刀位号,后两位 01 表示刀补号。

5. GSK980TD 系统操作面板

机床操作面板的作用主要是控制机床的运行方式、运行状态。它的操作会直接引起机床相应部件的动作。

数控车床所有的动作指令都是通过车床操作面板输入执行的,操作面板是数控车床的输入设备。熟悉操作面板上所有按钮的功能并熟练操作是数控车床操作的基础。

GSK980TD 开机 CRT 及键盘如图 1.1.3 所示。

GSK980TD 操作面板外观如图 1.1.4 所示。

根据面板上各区域功能的不同,可将其划分为不同的区域。

（1）显示区

显示区是人机对话的窗口,所有输入的信息均能在显示区中显示。

（2）操作方式选择区

操作方式选择区用于选择车床操作的方式。分别可使车床进入编辑操作方式、自动操作方式、录入操作方式、机械回零操作方式、单步/手轮操作方式、手动操作方式、程序回零操作方式等。

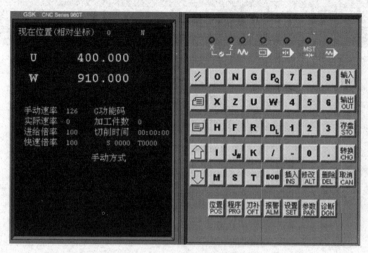

图 1.1.3　CRT 及键盘

（3）状态控制区

状态控制区用于分别控制机床程序片段/连续运行状态的切换、机床 X、Z 轴输出的锁定、辅助功能的锁定、空运行开关。各开关有效时,在对应的状态指示区中指示灯点亮。

（4）手轮进给倍率选择区

在手轮操作方式下有效选择进给倍率。

图 1.1.5 所示为操作方式选择、状态控制、手轮进给倍率选择区,按钮名称见图中附表。

（5）手动进给区

手动进给区用于在手动操作方式下,有效选择进给方向和进给倍率。

（6）【主轴控制】按钮

【主轴控制】按钮分别用于控制主轴正转、停止及反转。

（7）【切削液开关】按钮

【切削液开关】按钮用于控制切削液的开与关。

（8）【润滑液开关】按钮

【润滑液开关】按钮用于控制润滑液的开与关。

（9）【手动换刀】按钮

【手动换刀】按钮用于刀架刀位的依次转换。

以上(5)、(6)、(7)、(8)、(9)五区如图 1.1.6 所示。

（10）手动倍率控制区

手动倍率控制区分别用于进给速度的调整、快速移动速度的调整、主轴转速的调整(在模态量下有效)。图 1.1.7 所示为手动倍率控制、程序指令控制区。

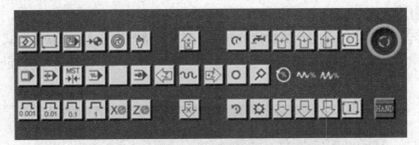

图 1.1.4　操作面板

图 1.1.5　操作方式选择、状态控制、手轮进给倍率选择区

图　标	按　钮　名	图　标	按　钮　名
	【编辑方式】按钮		【空运行】按钮
	【自动加工方式】按钮		【返回程序起点】按钮
	【录入方式】按钮		【单步/手轮移动量】按钮
	【回参考点】按钮		【手摇轴选择】
	【单步方式】按钮		紧急开关
	【手动方式】按钮		【手轮方式切换】按钮
	【单程序段】按钮		【辅助功能锁住】按钮
	【机床锁住】按钮	—	—

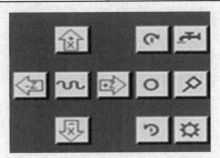

图 1.1.6　手动进给主轴辅助控制区

图 1.1.7 手动倍率控制、程序指令控制区

（11）程序指令运行控制区

程序指令运行控制区用于控制程序、MDI指令运行的启动和暂停。

（12）显示菜单

显示菜单有位置、程序、刀补、报警、设置、参数、诊断等项显示的选择。

（13）编辑键盘

编辑键盘用于各项指令、参数、程序的输入和修改。

（14）状态显示区

状态显示区用于指示状态控制按钮的工作状态。指示灯点亮时，对应的状态控制键处于工作状态。

以上（12），（13），（14）三区如图 1.1.8 所示。

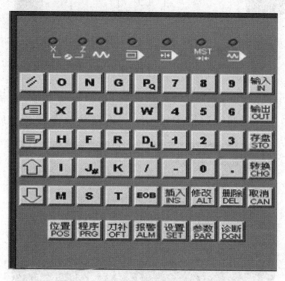

图 1.1.8 编辑键盘状态显示区

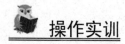 操作实训

1. 开机与关机

数控车床装有 NC 系统（数字控制系统），NC 数控系统要求机床关机时能够有效保存数

据,因此 NC 系统拥有自己的断电保护备用电源,所以 NC 系统具有记忆功能。然而正因为 NC 系统具有这一功能,如果操作者正在进行操作加工时,由于其他人员的原因而将机床总电源关闭,则机床有可能不受控制继续前进,导致机床撞坏等事故的发生。同时由于 NC 电源瞬间电流很大,易损坏机床其他电源。所以,数控车床的开关机顺序必须是:开机时,先开外部总电源,再开机床总电源,最后开 NC 电源。关机时先关 NC 总电源,再关机床总电源,在确定无其他机床使用的情况下,关闭外部电源(与开机顺序正好相反)。当 NC 电池电量不足时,需及时更换电池,以保证数据不丢失。对于初次接触数控车床的同学来说,如何正确操作与避免发生危险,以及加强安全、文明、规范操作教育是本课题的重点。

(1)系统通电前应确认

①机床状态正常。

②电源电压符合要求。

③接线正确、牢固。

(2)系统通电

①打开急停开关。

②打开安装在机床左、后、上方的配电箱,合上低压断路器。

③打开 NC 开关。

开机操作步骤如图 1.1.9 所示。

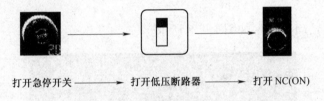

打开急停开关 ——→ 打开低压断路器 ——→ 打开 NC(ON)

图 1.1.9 数控车床开机步骤

系统通电后,显示页面。此时系统自检、初始化,若自检发现故障,报警页面显示相关的报警信息,图 1.1.10 所示为系统通电后报警显示所示未打开急停开关的页面。

图 1.1.10 系统通电后报警显示

系统自检正常、初始化完成后,显示现在位置(相对坐标)页面,如图 1.1.11 所示。

图 1.1.11　系统初始化后显示图

（3）关机前应确认

①系统的 X、Z 轴处于停止状态。

②辅助功能（如主轴、液压泵等）关闭。

（4）关机

先按 NC 关，关闭 CNC，再切断机床电源。

2. 主轴的旋转和停止

主轴的回转运动是车床的主运动，数控编程时，首先要确定每道工序的切削用量。切削用量包括主轴转速、背吃刀量、进给速度。对于不同的加工方法、不同的加工阶段、不同的加工表面，必须选择合理的切削用量，以充分发挥机床和刀具的性能，获得最佳工作效能。因此灵活熟练地进行主轴转速的调节，既是熟悉机床操作面板的需要，更是灵活有效加工的需要。

（1）在任何操作方式下，按【复位】按钮主轴停止。

（2）在手轮/手动方式下，按【复位】按钮或主轴停止按钮使主轴停止。

（3）在手轮/手动操作方式下，按【主轴控制】按钮可实现主轴的正转、停止、反转。

（4）在 MDI 界面下操作：

①在操作方式选择区中选择【录入方式】按钮。

②在菜单选择区中选择【程序】按钮。

③在编辑键盘中选择向下翻页，至 MDI 页面，如图 1.1.12 所示。

④输入"M03"，按【输入】按钮。

⑤输入"S01"，按【输入】按钮。

⑥按【循环启动】按钮。主轴以 S01 对应速度运行。

⑦按【复位】按钮，主轴停止转动。

3. 刀架的移动和转动

机床有关坐标轴的定义：本系统使用 X 轴、Z 轴组成的直角坐标系，X 轴与主轴轴线垂直，Z 轴与主轴轴线方向平行，接近工件的方向为负方向，离开工件的方向为正方向。

常规坐标表示符号：

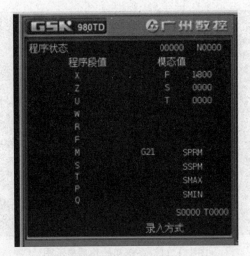

图 1.1.12　MDI 页面

绝对坐标:X、Y、Z。

增量坐标:U、V、W。

圆心坐标:I、J、K。

车床实际使用中只用到两个方向的坐标,即 X 轴方向和 Z 轴方向,如图 1.1.13 所示。而 Y 轴、V 轴、J 轴坐标在此都用不到。

(1)刀架的移动

方法一:在手轮方式下操作。

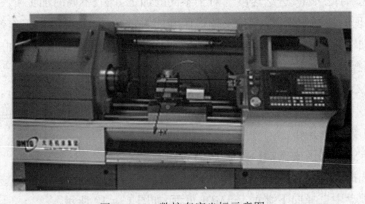

图 1.1.13　数控车床坐标示意图

①在操作方式选择区中选择手轮方式。

②在手轮进给倍率区中选择刀架移动方向:X 轴方向或 Z 轴方向。

③在手轮进给倍率区中选择倍率。

④转动手轮以控制刀架的位置。

方法二:在手动方式下操作。

①在操作方式选择区中选择手动方式。

②在刀架移动方向区中选择【进给】按钮。

③选择【刀架移动方向选择】按钮 $X—X$, $Z—Z$。

④选择【快速倍率调整】按钮,以实现快速移动。

（2）刀架的转动

方法一:依次转动。

①在操作方式选择区中选择手动操作方式或手轮操作方式。

②在机床操作面板选择【手动换刀】按钮 ¤ 。

注:在此方式下,每按一次按钮,刀架依次转过一个刀位。

方法二:连续转动。

①在操作选择方式中选择录入操作方式。

②在 MDI 方式下录入刀号刀补(如 T0303),按下【输入】按钮,如图 1.1.14 所示。

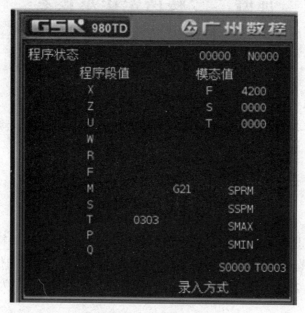

图 1.1.14　刀号刀补输入图

③在机床操作面板中,选择【循环启动】按钮。

注:在此方式下,刀架直接转到指定刀位。

 思考与练习

问答题:

1. 写出 GSK980T 数控车床系统常用辅助功能及其含义。

2. 刀架移动和转动的方法有哪些?

3. 如何解除机床报警?

数控车床坐标系是建立工件坐标系的前提,而对刀是数控车床操作的核心内容之一,通过本模块的学习,掌握数控车床加工简单零件的操作方法。

课题一　数控车床坐标系

 学习目标

1. 理解数控车床的机床坐标系、机床原点和机床参考点的概念。

2. 理解数控车床工件坐标系、工件原点、对刀点和换刀点的含义,并能根据加工要求选择合适的工件原点和换刀点。

 相关知识

1. 机床坐标轴

数控机床坐标系是为了确定工件在机床中的位置、机床运动部件的特殊位置(如换刀点、参考点等)以及运动范围(如行程范围)等而建立的几何坐标系。标准的机床坐标系采用右手笛卡儿坐标系如图 1.2.1 所示。大拇指的指向为 X 轴的正向,食指指向为 Y 轴的正向,中指指向为 Z 轴的正向。

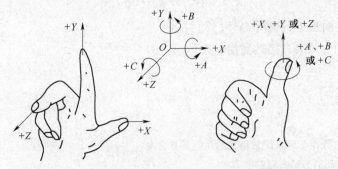

图 1.2.1　笛卡儿坐标系

围绕 X、Y、Z 轴旋转的圆周进给坐标轴分别用 A、B、C 表示,根据右手螺旋定则,大拇指指向 $+X$、$+Y$、$+Z$ 方向,则食指、中指等的指向是圆周进给运动的 $+A$、$+B$、$+C$ 方向。

机床坐标轴的方向取决于机床的类型和各组成部分的布局。对车床而言:Z 轴与主轴轴线重合,沿 Z 轴正向移动将增大工件和刀具间的距离;X 轴垂直 Z 轴,为径向移动的方向,沿 X

轴正向移动将增大工件和刀具间的距离;Y轴(虚设的)与X轴和Z轴构成遵循右手定则的坐标系统。

2. 机床坐标系、机床原点和机床参考点

机床坐标系是机床固有的坐标系,机床坐标系的原点称为机床原点或机床零点。机床经过设计、制造和调整来确定原点,原点是机床上固定的一个点。原点定义在卡盘后端面与主轴旋转中心的交点上,图1.2.2所示机床坐标系中的O点即为原点。

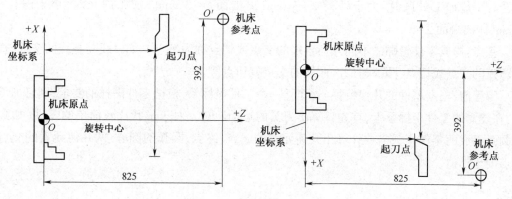

图1.2.2　机床坐标系

机床坐标系有两种:X轴正方向朝上,即上手刀,适用于斜床身斜滑板(斜导轨)的卧式数控车床;X轴正方向朝下,即下手刀,适用于平床身(水平导轨)卧式数控车床。这两种刀架方向的机床,其程序及相应设置相同。

机床参考点:由于数控装置通电时不知机床零点位置,为了建立机床工作时的坐标系,应在每个坐标轴的移动范围内(X轴和Z轴的正向最大行程处)设置一个机床参考点(测量起点)。

机床启动时,通常要进行机动或手动回参考点,以建立机床坐标系。

自动返回参考点指令:G28。

在以下三种情况下,数控系统会失去对机床参考点的记忆,须返回机床参考点:

①机床超程报警信号解除后;

②机床关机以后重新接通电源开关时;

③机床解除急停状态后。

3. 工件坐标系、工件原点、对刀点和换刀点

工件坐标系(编程坐标系):编程时选择工件上的某一已知点为原点,建立一个坐标系,称为工件坐标系。

工件坐标系设在工件上,其坐标原点设在图样的设计基准和工艺基准处,其坐标原点称为工件原点(或加工原点)。对于轴类零件一般设在主轴中心线与工件左端面或右端面的交点处。

对刀点:数控加工中刀具相对于工件运动的起点,它是零件程序加工的起始点,所以对刀点也称"程序起点"。对刀的目的是确定工件原点在机床坐标系中的位置,即工件坐标系与机床坐标系的关系。

对刀点可设在工件上,也可设在工件外,任何便于对刀之处,但该点应与工件原点有确定的坐标联系。一般对刀点是加工程序执行的起点,也是加工程序执行的终点。如图 1.2.3 所示,对刀点 A 设置在工件外面和起刀点(循环点)重合,位置由 G50、G92、G54 等指令设定。通常把设定该点的过程称为"对刀",或建立工件坐标系。

换刀点:指刀架转位时所在的位置。其位置可固定,也可是任意一点,原则以刀架转位时不碰撞工件和机床上其他部件为准则,通常和刀具起始点重合。

起刀点(循环点):加工工件时,刀具要达到合适的加工位置。有时和对刀点重合,有时不重合。一般加工外圆时,大于外径 2~3 mm,离端面 2~3 mm。加工内孔时,小于内孔 2~3 mm,距离端面 2~3 mm。

基点:构成零件轮廓的不同几何素线的交点或切点称为基点。如直线与直线的交点、直线与圆弧的交点或切点、圆弧与二次曲线的交点或切点等。

编程前,根据零件的几何特征,先建立一个工件坐标系,根据零件图样的要求,制订加工路线,在建立的工件坐标系上,首先计算出刀具的运动轨迹。对于形状比较简单的零件(如直线和圆弧组成的零件),只需要计算出几何元素的起点、终点、圆弧的圆心、两几何元素的交点或切点的坐标值。

 操作实训

(1)图 1.2.3 所示台阶轴以右端面中心为工件坐标系原点,计算 O、A、B、C、D、E、F、G 各基点坐标。

根据题意,以 O 点为原点建立工件坐标系,采用直径编程,绝对坐标值如表 1.2.1 所示。

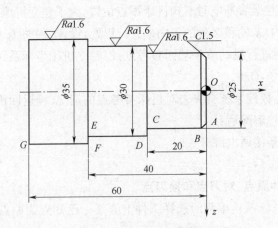

图 1.2.3　台阶轴

表 1.2.1　台阶轴各基点坐标

基　　点	X 坐标值	Z 坐标值
O	0	0
A	22	-1.5
B	25	-20
C	25	-20
D	30	-40

基　　点	X 坐标值	Z 坐标值
E	30	-40
F	35	-60
G	35	-60

（2）以 O 点为工件坐标系原点，计算图 1.2.4 所示轴类零件各基点坐标值。

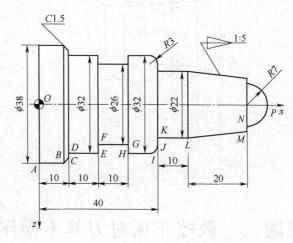

图 1.2.4　轴类零件

根据题意，以 O 点为原点建立工件坐标系，采用直径编程，零件各基点的绝对坐标值如表 1.2.2所示。

表 1.2.2　轴类零件各基点坐标

基　　点	X 坐标值	Z 坐标值
O	0	0
A	38	0
B	38	8.5
C	35	10
D	32	10
E	32	20
F	26	20
G	26	30
H	32	30
I	32	37
J	26	40
K	22	40
L	22	50
M	18	70
N	14	70
P	0	77

思考与练习

1. 什么是机床坐标系？工件坐标系？
2. 叙述参考点、工件原点的定义。
3. 计算图 1.2.5 轴类零件各基点坐标。

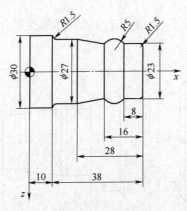

图 1.2.5 轴类零件

课题二 数控车床对刀基本操作

学习目标

1. 掌握数控车床刀具的选择与装夹方法。
2. 正确使用试切法完成数控车床的对刀。
3. 能根据加工要求完成多把刀的对刀步骤。

相关知识

1. 数控车床刀具的选择与装夹

数控车床加工时，能根据程序指令实现全自动换刀。为了缩短数控车床的准备时间，适应柔性加工要求，数控车床对刀具提出了更高的要求，不仅要求刀具精度高、刚性好、耐用度高，而且要求安装、调整、刃磨方便，断屑及排屑性能好。

在全功能数控车床上，可预先安装 8~12 把刀具，当被加工工件改变后，一般不需要更换刀具就能完成工件的全部车削加工，为了满足要求，刀具配备时应注意以下几个问题：

（1）在可能的范围内，使被加工工件的形状、尺寸标准化，从而减少刀具的种类，实现不换刀或少换刀，以缩短准备和调整时间。

（2）使刀具规格化和通用化，以减少刀具的种类，便于刀具管理。

（3）尽可能采用可转位刀片，磨损后只需更换刀片，增加了刀具的互换性。

（4）在设计或选择刀具时，应尽量采用高效率、断屑及排屑性能好的刀具。

2. 数控车刀的类型与选择

车床主要用于回转表面的加工,如内外圆柱面、圆锥面、圆弧面、螺纹等切削加工。

图1.2.6所示为常用车刀的种类、形状和用途。

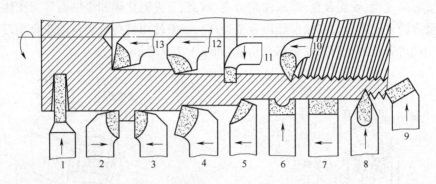

图1.2.6　常用车刀的种类、形状和用途

1—切槽(断)刀;2—90°左偏刀;3—90°右偏刀;4—弯头车刀;5—直头车刀;6—成形车刀;7—宽刃精车刀;

8—外螺纹车刀;9—端面车刀;10—内螺纹车刀;11—内切槽车刀;12—通孔车刀;13—盲孔车刀

数控车削常用的车刀一般分为三类,即尖形车刀、圆弧形车刀和成形车刀。

(1)尖形车刀。以直线形切削刃为特征的车刀一般称为尖形车刀。这类车刀的刀尖(同时也为其刀位点)由直线形的主、副切削刃构成,如90°内外圆车刀、左右端面车刀、切断(车槽)车刀以及刀尖倒棱很小的各种外圆和内孔车刀。

(2)圆弧形车刀。圆弧形车刀是较为特殊的数控加工用车刀。其特征是,构成主切削刃的刀刃形状为一圆度误差或线轮廓误差很小的圆弧,该圆弧刃每一点都是圆弧形车刀的刀尖,因此,刀位点不在圆弧上,而在该圆弧的圆心上,圆弧形车刀可以用于车削内、外表面,特别适宜于车削各种光滑连接(凹形)的成形面。

(3)成形车刀。成形车刀俗称样板车刀,其加工零件的轮廓形状完全由车刀刀刃的形状和尺寸决定。数控加工中,应尽量少用或不用成形车刀。

另外,车刀在结构上可分为整体式车刀、焊接式车刀和机械夹固式车刀三大类。

①整体式车刀。整体式车刀主要是整体式高速钢车刀。通常用于小型车刀、螺纹车刀和形状复杂的成形车刀。它具有抗弯强度高、冲击韧性好,制造简单和刃磨方便、刃口锋利等优点。

②焊接式车刀。焊接式车刀是将硬质合金刀片用焊接的方法固定在刀体上,经刃磨而成。这种车刀结构简单,制造方便,刚性较好,但抗弯强度低,冲击韧性差,切削刃不如高速钢车刀锋利,不易制作复杂刀具。

③机械夹固式车刀。它是数控车床上用得比较多的一种车刀,它分为机械夹固式可重磨车刀和机械夹固式不可重磨车刀。

机械夹固式可重磨车刀是将普通硬质合金刀片用机械夹固的方法安装在刀杆上。刀片用钝后可以修磨,修磨后,通过调节螺钉把刃口调整到适当位置,压紧后便可继续使用,如图1.2.7所示。

机械夹固式不重磨(可转位)车刀的刀片为多边形,有多条切削刃,当某条切削刃磨损钝化后,只需松开夹固元件,将刀片转一个位置便可继续使用,如图 1.2.8 所示。其最大优点是车刀几何角度完全由刀片保证,切削性能稳定,刀杆和刀片已标准化,加工质量好。车刀刀片的材料主要有高速钢、硬质合金、涂层硬质合金、陶瓷、立方氮化硼和金刚石等。在数控车床加工中应用最多的是硬质合金和涂层硬质合金刀片。一般使用机夹可转位硬质合金刀片以方便对刀。常用的可转位的车刀刀片形状及角度,如图 1.2.9 所示。

图 1.2.7　机械夹固式可重磨车刀

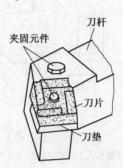

图 1.2.8　机械夹固式可转位车刀

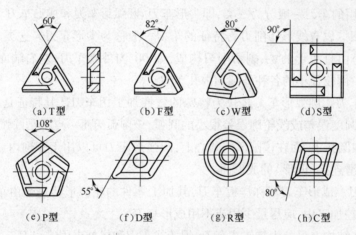

图 1.2.9　常用可转位车刀刀片

3. 数控车床刀具的安装

车刀安装得正确与否,将直接影响切削的顺利进行和工件的加工质量。安装车刀时,应注意下列几个问题:

(1)车刀安装在刀架上,伸出部分不宜太长,伸出量一般为刀杆高度的 1~1.5 倍。伸出过长会使刀杆刚性变差,切削时易产生振动,影响工件的表面粗糙度。

(2)车刀垫铁要平整,数量要少,垫铁应与刀架对齐。车刀至少要用两个螺钉压紧在刀架上,并逐个拧紧。

(3)车刀刀尖应与工件轴线等高,如图 1.2.10(a)所示,否则会因基面和切削平面的位置发生变化,而改变车刀工作时的前角和后角的数值。图 1.2.10(b)所示为车刀刀尖高于工件轴线,使后角减小,增大了车刀后刀面与工件间的摩擦;图 1.2.10(c)所示为车刀刀尖低于工件轴线,使前角减小,切削力增加,切削不顺利。

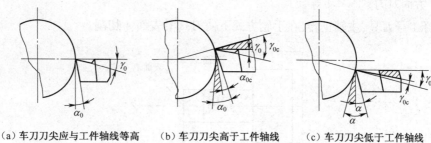

（a）车刀刀尖应与工件轴线等高　　（b）车刀刀尖高于工件轴线　　（c）车刀刀尖低于工件轴线

图 1.2.10　装刀高低对前后角的影响

车端面时，车刀刀尖若高于或低于工件中心，车削后工件端面中心处会留有凸头，如图 1.2.11 所示。使用硬质合金车刀时，如不注意这一点，车削到中心处会使刀尖崩碎。

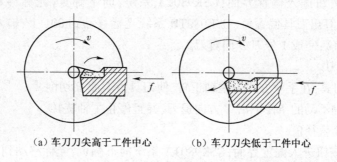

（a）车刀刀尖高于工件中心　　（b）车刀刀尖低于工件中心

图 1.2.11　车刀刀尖不对准工件中心的后果

（4）车刀刀杆中心线应与进给方向垂直，否则会使主偏角和副偏角的数值发生变化，如图 1.2.12 所示。如果螺纹车刀安装歪斜，会使螺纹牙型半角产生误差。用偏刀车削台阶时，必须使车刀主切削刃与工件轴线之间的夹角在安装后等于 90° 或大于 90°，否则，车出来的台阶面与工件轴线不垂直。

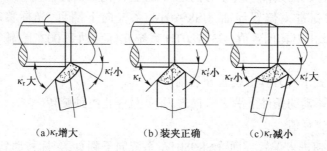

（a）κ_r 增大　　（b）装夹正确　　（c）κ_r 减小

图 1.2.12　车刀装偏对主副偏角的影响

4. 试切削法对刀

对刀是数控机床加工中极其重要和复杂的工作。对刀精度的高低直接影响到工件的加工精度。对刀的作用是在工件坐标系和机床坐标系之间建立一种联系，使刀具能按编程者的要求在工件坐标系中运动。常用的对刀的方法有试切削对刀、光学检测对刀仪对刀和机械检测对刀仪对刀三种。下面重点介绍试切法对刀。

以工件右端面中心为原点建立工件坐标系，如图 1.2.13 所示。

（1）Z 方向对刀。

①选择 1 号刀具,主轴正转,在手轮方式下使刀具沿表面 A 切削。

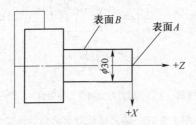

图 1.2.13　试切对刀

②在保持 Z 轴不动的条件下沿 X 方向退刀,并且停止主轴旋转。

③按【刀补】按钮进入偏置界面,GSK980TA 系统:向下翻页,光标移动到 101 上,输入"Z0",系统自动计算出刀具偏置值(GSK980TD 系统光标移动到 001 上,输入"Z0",系统自动计算出刀具偏置值);完成 1 号刀 Z 向对刀。

（2）X 方向对刀。

①选择 1 号刀具,在手轮方式下主轴正转,使刀具沿表面 B 切削。

②在保持 X 轴不动的条件下沿 Z 方向退刀,并且停止主轴旋转。

③测量表面 B 直径值。

④按【刀补】按钮进入偏置界面,GSK980TA 系统向下翻页,光标移动到 101 上,输入所测量表面 B 直径值 X,系统自动计算出刀具 X 向偏置值(GSK980TD 系统光标移动到 001 上,输入所测量表面 B 直径值,系统自动计算出刀具 X 向偏置值)。

⑤移动刀具至安全换刀位置。

（3）换 2 号刀。

①选择 2 号刀具,在手轮方式下,主轴正转使刀尖轻触表面 A。

②在保持 Z 轴不动的条件下沿 X 方向退刀,并且停止主轴旋转。

③按【刀补】按钮进入偏置界面,GSK980TA 系统向下翻页,光标移动到 202 上,输入"Z0",系统自动计算出刀具偏置值(GSK980TD 系统光标移动到 002 上,输入"Z0",系统自动计算出刀具偏置值)。

④在"手轮"方式下使刀具沿表面 B 切削。

⑤在保持 X 轴不动的条件下沿 Z 方向退刀,并且停止主轴旋转。

⑥测量表面 B 直径值。

⑦按【刀补】按钮进入偏置界面,GSK980TA 系统向下翻页,光标移动到 202 上,输入所测量表面 B 直径值 X,系统自动计算出刀具 X 向偏置值(GSK980TD 系统光标移动到 002 上,输入所测量表面 B 直径值,系统自动计算出刀具 X 向偏置值)。

⑧移动刀具至安全换刀位置。

（4）重复上述步骤（1）、（2）对其他刀具进行试切对刀。

5. 验证刀具补偿

对刀与验证刀补是数控加工操作中非常重要的一项基本工作。对刀的正确与否将直接影响到能否顺利加工。为避免对刀过程可能出现的错误,试切对刀后需要手动验证刀补的正确性。

（1）调用刀补

以 1 号刀为例，MDI 界面下录入"T0101"，按下【循环启动】按钮。

（2）选择显示界面

选择"位置"向下翻页，找到绝对坐标 X、Z 界面。

（3）二次对刀进行验证

采用手轮方式使主轴正转，用手轮移动刀具使刀尖轻触工件外径，看位置界面绝对坐标 X 显示数值是否与外径值相同，如相同表示 X 向刀补正确。

用手轮移动刀具使刀尖轻触工件端面，看位置界面绝对坐标 Z 显示数值是否为 0，如果是 0 表示 Z 向刀补正确。

重复（1）、（2）、（3）完成其余刀具验证。

 操作实训

安装 T01 外圆车刀，T02 切槽刀，T03 外螺纹车刀。对刀并验证刀补正确性。

（1）安装刀具到指定位置，要求刀尖对准工件旋转中心，角度正确。

（2）依次采用试切削法对 T01、T02、T03 三把刀进行对刀。

（3）调用 T0101 刀补，用手轮对 T0101 进行二次对刀验证。

（4）调用 T0202 刀补，用手轮对 T0202 进行二次对刀验证。

（5）调用 T0303 刀补，用手轮对 T0303 进行二次对刀验证。

（6）换刀时刀具要移到安全位置，防止碰撞。

 思考与练习

1. 刀具安装应注意哪些问题？
2. 简述试切削法对刀的过程及注意事项。
3. 进行外圆刀、端面刀、切槽刀、螺纹刀的安装练习。
4. 进行外圆刀（T01）与切槽刀（T02）的试切对刀法的训练，并采用手轮验证刀补的正确性。

模块三　单一指令加工应用

所有不同型号的数控车床、铣床都必须用到 G00、G01、G02、G03 指令,这四个指令在所有数控系统中都通用。在数控车、铣床自动编程中,任何平面、曲面加工的路径最后都是由直线、圆弧插补组成。所以说,这四个指令是数控编程的最基本组成单元。本模块编程较为简单,因此掌握数控编程规则、学会正确使用常用指令、掌握指令格式,通过半精加工、精加工掌握如何控制工件尺寸等知识是本模块的重点所在。

课题一　G00 G01 编程及加工

学习目标

1. 掌握快速移动指令 G00 和直线进给指令 G01 的指令格式。
2. 正确理解 G00、G01 指令运动轨迹的区别。
3. 掌握 G00、G01 指令的编程方法及编程规则。
4. 根据加工要求完成工件编程加工。

相关知识

1. G00 快速移动

指令格式: G00 X (U)＿＿＿ Z (W)＿＿＿;

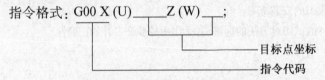

目标点坐标

指令代码

式中:X、Z——绝对编程时,表示目标点在工件坐标系中的坐标;

　　U、W——增量编程时,表示刀具移动的距离。

指令功能:刀具沿 X 轴、Z 轴同时从起点以各自的快速移动速度移动到终点。G00 是模态(续效)指令,它命令刀具以点定位控制方式从刀具所在点以机床的最快速度移动到坐标系的设定点。它只是快速定位,而无运动轨迹要求。

运动方式:两轴是以各自独立的速度移动的,其合成轨迹不一定是直线,两轴可能不是同时到达终点(编程时应特别注意),其进给路线可能为折线。

指令地址的省略:指令地址 X (U)、Z (W) 可省略一个或全部。当省略一个时,表示该轴的起点和终点坐标值一致;同时省略表示终点和起点是同一位置。

G00 编程实例说明：刀具从 A 点快速移动到 B 点，如图 1.3.1 所示。

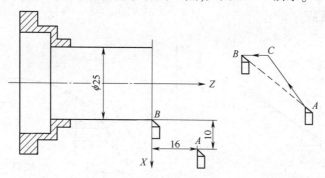

图 1.3.1　G00 快速移动

注：C 点为 A 点快速移动到 B 点的中间点。两轴不是同时到达终点，其进给路线为折线。

程序实例：

绝对编程：G00　X25.0　Z0；

相对编程：G00　U-20.0　W-16.0；

2. G01 直线插补

指令格式：G00 X___ Z___;（起点坐标）

G01X (U) ___Z (W) ___F ___ ;

- ——进给速度
- ——目标点坐标
- ——指令代码

式中：X、Z——绝对编程时，目标点在工件坐标系中的坐标；

U、W——增量编程时，刀具移动的距离。

F——进给速度。

指令功能：运动轨迹为从起点到终点的一条直线。G01 为模态 G 指令。

图 1.3.2 所示为直线插补的编程示例：

……

G00X20.0　Z2.0；

G01Z0　F0.2；

X30.0　W-10.0；

Z-20.0；

……

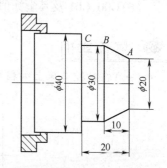

图 1.3.2　G01 直线插补

运动方式：G01 指令刀具按 F 给定的进给速度，从当前点直线插补到达 X 轴、Z 轴指定的目标上。大多数车削加工，如圆柱面、端面、锥面、沟槽等均可使用 G01 来完成。

直线插补（Line Interpolation）是车床上常用的一种插补方式。数控车床的运动控制中，工作台（刀具）X、Y、Z 轴的最小移动单位是一个脉冲当量。因此，刀具的运动轨迹是由极小台阶组成的折线（数据点密化），如图 1.3.3 所示。例如，用数控车床加工直线 OA、曲线 OB 时，刀具是沿 X 轴移动一步或几步（一个或几个脉冲当量 Δx），再沿 Y 轴方向移动一步或几步（一个或几个脉冲当量 Δy），直至到达目标点。从而合成所需的运动轨迹（直线或曲线）。数控系统根据给定的直线、圆弧(曲线)函数,在理想的轨迹上的已知点之间,进行数据点密化,确定中间点的方法,称为插补。

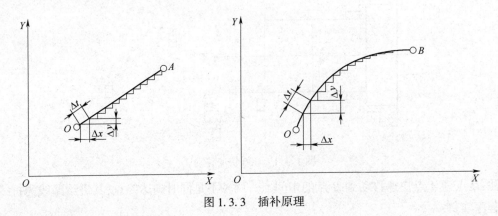

图 1.3.3　插补原理

3. G00、G01 使用注意事项

(1)刀具沿 X 轴、Z 轴各自的快速移动速度分别由系统设定,实际的移动速度可通过机床操作面板的快速倍率键进行修调。

(2)使用 G00 时必须注意刀具移动轨迹不一定是直线,有可能与工件相碰。

(3)程序中,如果是首次使用 G01,必须指定进给量 F 值,以后如进给量不变,则 F 字段可省略。

(4)F 指令值为 X 轴方向和 Z 轴方向瞬间速度的矢量合成速度。F 指令为模态指令。F 指令值一经执行,指令值保持,直至新的 F 指令值被执行。后述其他 G 指令使用的 F 指令字功能相同时,不再重复。G98 中 F 指令为每分钟进给,G99 中 F 指令为每转进给,机床初始状态为 G98。

(5)使用 G01 前,必须保证刀具的当前位置为正确位置(由于 G01 中只指定了插补的终点位置,并未指明插补的起点位置)。

(6)G00、G01 及其坐标值都是模态指令,下一程序段中可省略相同的字段。

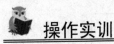
操作实训

(一)在数控车床上编程加工图 1.3.4 所示零件外轮廓,工件材料:φ40 mm 棒料。

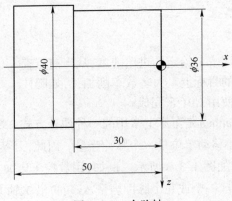

图 1.3.4　台阶轴

（1）制订加工工艺。

选用 T1 90°外圆刀，用 G01 加工各部分外圆，a_p:2 mm；S:500 r/min；F:0.2 mm/r；留精车余量 0.5 mm。

（2）编写程序见表 1.3.1 台阶轴加工程序。

表 1.3.1　台阶轴加工程序

程　　序	说　　明
O0301；	程序名
N1 G40 G97 G99 M03 S01 T0101 F0.2；	程序初态设定
G00 X43.0 Z2.0；	定位
Z0；	进刀
G01 X-1.0；	平端面
Z2.0；	退刀
G00 X36.5 Z2.0；	进刀至 36.5 mm，余量 0.5 mm
G01 Z-30.0；	车外圆
X42.0；	退刀
G00 X50.0 Z100.0；	回换刀点
M05；	主轴停止
M00；	程序暂停
N2 G99 M03 S02 T0101 F0.1；	程序初态设定
G00 X42.0 Z2.0；	定位
X36.0；	进刀
G01 Z-30.0；	车外圆
X42.0；	退刀
G00 X50.0 Z100.0；	回换刀点
M05；	主轴停止
M30；	程序结束并返回

（3）输入程序，图形仿真。

①设置参数。

录入→设置→调整 X、Z 最大与最小值。

②图形仿真。

首先将刀补清零在作图界面中，将 S 置于作图状态（默认 T 停止作图）。

自动→主运动锁定→辅助运动锁定→单段→空运行→快速按钮→循环启动。

注意：

　　图形仿真时从安全角度考虑，辅助运动必须锁定。仿真完毕后，应解除空运行及主、辅运动。

（4）对刀。

对刀操作时注意退刀方向，对刀完毕后用手动方式验证刀补的准确性。

（5）自动加工。

操作方法：在自动方式下①首件全程单段；②快速倍率最小为 F0，防止撞刀；③主界面：既有程序，又有坐标的界面。

（6）检测尺寸，完成加工。

加工后用量具检测各部分尺寸，合格后切断工件。

（二）在数控车床上编程加工图 1.3.5 所示零件外轮廓，工件材料为 φ40 mm 棒料。

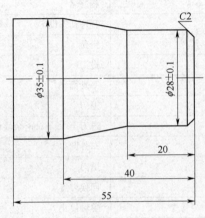

图 1.3.5　台阶轴

（1）制订加工工艺。

选用 T1 90°外圆刀，用 G01 加工各部分外圆，a_p：2 mm；S：500 r/min；F：0.2 mm/r。

精车余量 0.5 mm。

（2）编写图 1.3.5 所示台阶轴的加工程序（见表 1.3.2）。

表 1.3.2　台阶轴加工程序

程　序	说　明
O0302；	程序名
N1 G40 G97 G99 M03 S01 T0101 F0.2；	程序初态设定
G00 X43.0 Z2.0；	快速定位
Z0；	进刀
G01 X-1.0；	平端面
G00 X35.5 Z2.0；	进刀
G01 Z-55.0；	粗加工 φ35 mm 外圆
U 3.0；	退刀
G00 Z2.0；	返回
X31.0；	进刀
G01 Z-20.0；	粗加工 φ28 mm 外圆
X35.5 Z-40.0；	粗加工圆锥
G00 Z2.0；	返回
X28.5；	进刀

程　序	说　明
G01 Z-20.0;	粗加工 φ28 mm 外圆
X35.0 Z-40.0;	粗加工圆锥
G00 Z2.0;	返回
X100.0 Z100.0;	返回安全位置
M05;	主轴停
M00;	程序暂停
N2 G40 G97 G99 M03 S02 T0101 F0.1;	程序初态设定
G00 X43.0 Z2.0;	快速定位
X24.0;	进刀
G01Z0;	进刀
X28.0 Z-2.0;	倒角
Z-20.0;	精加工 φ28 mm 外圆
X35.0 Z-40.0;	精加工圆锥
Z-55.0;	精加工 φ35 mm 外圆
U3.0;	退刀
G00 X100.0 Z100.0;	返回安全位
M05;	主轴停
M30;	程序结束并返回

（3）输入程序，图形仿真。

①设置参数。

录入→设置→设置→向下翻页（调整 X、Z 最大与最小值）。

②图形仿真。

首先将刀补清零在作图界面中，将 S 置于作图状态（默认 T 停止作图）。

自动→主运动锁定→辅助运动锁定→单段→空运行→快速按钮→循环启动。

注意:

　　图形仿真时从安全角度考虑，辅助运动必须锁定。仿真完毕后，解除空运行及主、辅运动。

（4）对刀。

对刀操作时注意退刀方向，对刀完毕后用手动方式验证刀补的准确性。

（5）自动加工。

操作方法：自动方式下，①首件全程单段；②快速倍率最小 F0，防止撞刀；③主界面：既有程序，又有坐标的界面。

（6）检测尺寸，完成加工。

加工后用量具检测各部分尺寸，合格后切断工件完成加工。

思考与练习

一、问答题

1. 写出 G00、G01 指令格式,并说明其含义。

2. 使用 G00、G01 指令加工注意事项。

二、操作练习

根据所学知识,试编程加工图 1.3.6 所示锥体零件 。

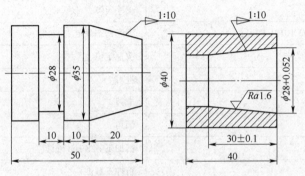

图 1.3.6　锥体零件

课题二　　G02 G03 编程及加工

 学习目标

1. 掌握内、外圆弧加工指令 G02、G03 的指令格式。

2. 正确理解 G02、G03 指令段内部参数的意义,能根据加工要求合理确定各参数值。

3. 掌握 G02、G03 指令的编程方法及编程规则。

4. 根据加工要求完成工件编程加工。

 相关知识

　　圆弧插补指令可使刀具在指定平面内按给定的进给速度作圆弧运动,切削出圆弧轮廓。圆弧插补指令分为顺时针圆弧插补指令 G02 和逆时针圆弧插补指令 G03。圆弧插补的顺逆可按图示的方向判断:沿圆弧所在平面(如 $X—Z$ 平面)的垂直坐标系的负方向$(-Y)$看去,顺时针为 G02,逆时针为 G03。图 1.3.7 和图 1.3.8 所示为前置刀架车床上圆弧的顺逆方向。G02/03 为模态 G 指令。

1. 顺时针圆弧插补 G02

指令格式　　　　G02 X(U)_ Z(W)_ I_ K_ F_ ;

　　　　　　或　G02 X(U)_ Z(W)_ R_ F_ ;

式中:X、Z——绝对编程时,目标点在工件坐标系中的坐标;

　　U、W——增量编程时,刀具从当前点移动到目标点的距离;

　　F——进给速度;

　　R——圆弧半径;

　　I——圆心与圆弧起点 X 轴坐标的差值;

　　K——圆心与圆弧起点 Z 轴坐标的差值。

运动轨迹为从起点到终点的顺时针(前刀座坐标系)圆弧,轨迹如图 1.3.7 所示。

2. 逆时针圆弧插补 G03

指令格式　　　G03 X(U)_Z(W)_I_K_F_;

　　　　　　或　G03 X(U)_Z(W)_R_F_;

式中:X、Z——绝对编程时,目标点在工件坐标系中的坐标;

　　U、W——增量编程时,刀具从当前点移动到目标点的距离;

　　F——进给速度;

　　R——圆弧半径;

　　I——圆心与圆弧起点 X 轴坐标的差值;

　　K——圆心与圆弧起点 Z 轴坐标的差值。

运动轨迹为从起点到终点的逆时针(前刀座坐标系)圆弧,轨迹如图 1.3.8 所示。

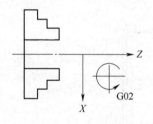

图 1.3.7　顺圆弧

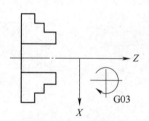

图 1.3.8　逆圆弧

3. G02/G03 圆弧加工方法

应用 G02(或 G03)指令车圆弧,若一次就完成圆弧的加工,这样吃刀量太大,容易打刀。所以,实际车圆弧时,需要多刀加工,先将大余量切除,最后才车得所需圆弧。下面介绍粗车圆弧常用加工路线。

图 1.3.9 所示为车圆弧时采用的车圆锥法切削路线。即先车一个圆锥,再车圆弧。但要注意车锥时的起点和终点应确定,若确定不好,则可能损坏圆锥表面,也可能将余量留得过大。确定方法如图 1.3.9 所示,连接 OC 交圆弧于点 D,过 D 点做圆弧的切线 AB。计算可得 $BC \leqslant (1/2)R$。

图 1.3.10 所示为车圆弧时采用的同心圆弧切削路线。即用不同的半径圆来车削,最后将所需圆弧加工出来。此方法在确定了每次背吃刀量后,对 90° 圆弧的起点、终点坐标较易确定,数值计算简单,编程方便,因而常被采用,但空行程较长。背吃刀量 $= (\sqrt{2}R-R)/P$(P 为进给次数),由 BC、AC 很容易确定起刀点和终刀点的坐标。这种方法的缺点是空行程时间较长。

4. 注意事项

(1)G02、G03 程序段指令地址中 I、K、R 必须至少输入一个,否则系统报警。

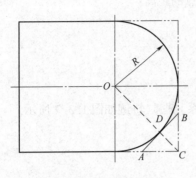

图 1.3.9　车圆锥法

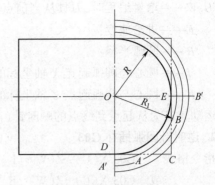

图 1.3.10　同心圆法

（2）使用 R 指令时,本系统规定只对小于或等于 180° 的圆弧有效,如果终点不在用 R 指令定义的圆弧上,系统将报警。

 操作实训

（一）在数控车床上编程加工图 1.3.11 所示圆弧零件外轮廓,工件材料:ϕ40 mm 棒料。

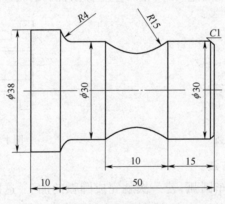

图 1.3.11　圆弧零件（1）

（1）制订加工工艺。

选用 T1 35° 外圆仿形刀,用 G01 加工各部外圆,G02 加工圆弧,a_p:2.5 mm,S:500 r/min,F:0.2 mm/r,精车余量 0.5 mm。

（2）编写图 1.3.11 所示零件的加工程序（见表 1.3.3）。

表 1.3.3　圆弧零件（1）加工程序

程　序	说　明
O0303;	程序名
N1 G40 G97 G99 M03 S01 T0101 F0.2;	程序初态设定
G00 X43.0 Z2.0;	快速定位
X38.5;	进刀
G01 Z-60.0;	粗加工 ϕ38 mm 外圆
U3.0;	退刀

程　序	说　明
G00 Z2.0;	返回
X34.0;	进刀
G01−46.0;	粗加工 φ30 mm 外圆
X38.5 Z−50.0;	粗加工 R4 mm 圆弧
G00 Z2.0;	返回
X30.50;	进刀
G01 Z−46.0;	粗加工 φ30 mm 外圆
X38.5 Z−50.0;	粗加工 R4 mm 圆弧
G00 Z2.0;	返回
X100.0 Z100.0;	返回安全位
M05;	主轴停
M00;	程序暂停
N2 G40 G97 G99 M03 S01 T0101 F0.1;	程序初态设定
G00 X43.0 Z2.0;	快速定位
X28.0;	进刀
G01 Z0;	进刀
U1.0 W−1.0;	倒角
G01−15.0;	精加工 φ30 mm 外圆
G02 X30.0 Z−35.0 R15.0;	加工 R15 圆弧
G01 Z−46.0;	精加工 φ30 mm 外圆
G02 X38.0 Z−50.0 R4.0;	加工 R4 圆弧
G01 Z−60.0;	精加工 φ38 mm 外圆
U3.0;	退刀
G00 X100.0 Z100.0;	返回安全位置
M05;	主轴停
M30;	程序结束并返回

(3)输入程序,图形仿真。

①设置参数。

录入→设置→调整 X、Z 最大与最小值。

②图形仿真。

首先将刀补清零,在作图界面中,将 S 置于作图状态(默认 T 停止作图)

自动→主运动锁定→辅助运动锁定→单段→空运行→快速按钮→循环启动。

> **注意:**
>
> 图形仿真时从安全角度考虑,辅助运动必须锁定。仿真完毕后,解除空运行及主、辅运动。

（4）对刀。

对刀操作时注意退刀方向,对刀完毕后用手动方式验证刀补的准确性。

（5）自动加工。

操作方法:在自动方式下,①首件全程单段;②快速倍率小于50%,防止撞刀;③主界面:既有程序,又有坐标的界面。

（6）检测尺寸,完成加工。

加工后用量具检测各部尺寸,合格后切断工件。

（二）在数控车床上加工图1.3.12所示圆弧零件,工件毛坯 φ28 mm 棒料。

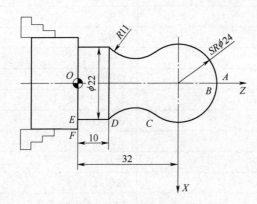

图 1.3.12　圆弧零件(2)

（1）制订加工工艺。

刀具 T1 选用 35°外圆仿形刀,用 G02、G03 加工圆弧。确定刀具加工工艺路线,$A \rightarrow B \rightarrow C \rightarrow D \rightarrow E \rightarrow F$。

数值计算:根据习惯以工件右端面中心建立工件坐标系(本工件也可以 O 点为坐标系原点建立坐标系),计算各节点位置坐标值。

根据三角函数计算圆弧切点 C 的坐标,坐标值为$(X18.15, Z-19.85)$,经计算可知各点坐标:$A(0,2), B(0,0), C(18.15, -19.85), D(22, -34), E(22, -44), F(28, -44)$。

（2）编写图 1.3.12 所示零件的加工程序(见表 1.3.4)。

表 1.3.4　圆弧零件(2)加工程序

程　　序	说　　明
O0304;	程序名
G40 G97 G99 M03 S01 F0.2;	程序初始设定
G00 X30.0 Z2.0;	快速定位
X0;	进刀
G01 Z0;	靠近端面
G03 X18.15 Z-19.85 R12;	加工 $SR24$ mm 球面
G02 X22.0 Z-34.0 R11.0;	加工 $R11$ mm 圆弧
G01 Z-44.0;	加工 φ22 mm 外圆
U3.0;	退刀

程　　　序	说　　明
G00 Z2.0;	返回
X100.0 Z100.0;	至安全位
M05;	主轴停
M02;	程序停

（3）输入程序，图形仿真。

①设置参数。

录入→设置→调整 X、Z 最大与最小值。

②图形仿真验证程序。

自动→主运动锁定→辅助运动锁定→单段→空运行→快速按钮→循环启动。

注意:

　　图形仿真时从安全角度考虑，辅助运动必须锁定。仿真完毕后，解除空运行及主、辅运动。

（4）对刀。

对刀操作时注意退刀方向，对刀完毕后用手动方式验证刀补的准确性。

（5）自动加工。

操作方法：在自动方式下，①首件全程单段；②快速倍率最小50%，防止撞刀；③主界面：既有程序，又有坐标的界面。

（6）检测尺寸，完成加工。

加工后用量具检测各部分尺寸，合格后切断工件。

 思考与练习

1. 在 G02、G03 指令中，采用圆弧半径编程和圆心坐标编程有何不同？

2. 顺逆圆弧判定的方法是什么？

3. 编制图 1.3.13、图 1.3.14 所示轴类零件加工程序。

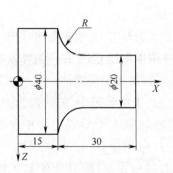

图 1.3.13　轴类零件（1）

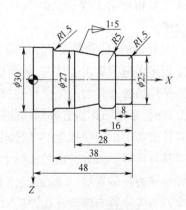

图 1.3.14　轴类零件（2）

课题三　刀具半径补偿编程及加工

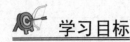 **学习目标**

1. 掌握 G41/G42/G40 指令的编程方法及编程规则。
2. 根据加工要求完成工件编程加工。

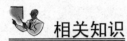 **相关知识**

刀具补偿功能是数控车床的主要功能之一。刀具补偿功能分为：刀具补偿的几何补偿、磨损补偿、刀尖半径补偿。

1. 刀具几何补偿和磨损补偿

（1）设置刀具几何补偿和磨损补偿的目的

在编程时，设定刀架上各刀在工作位置时，其刀尖位置是一致的。在实际加工时，加工一个工件通常要使用多把刀具，但由于刀具的几何形状及安装位置的不同，其刀尖位置是不一致的，其相对于工件原点的距离也是不同的。另外，因为每把刀具在加工过程中都有不同程度的磨损，而磨损后刀具的刀尖位置与编程位置存在差值。因此需要将各刀具的位置进行比较或设定，称为刀具偏置补偿。

如图 1.3.15 所示，在对刀时，确定一把刀为标准刀具（又称基准刀），并以其刀尖位置 A 为依据建立坐标系。这样，当其他刀转到加工位置时，刀尖位置 B 相对标准刀刀尖位置 A 就会出现偏置，原来建立的坐标系就不再使用，因此应对非标准刀具相对于标准刀具之间的偏置 Δx、Δz 进行补偿。使刀尖位置 B 移至位置 A。

标准刀偏置值为车床回到车床零点时，工件坐标系零点相对于工件位上标准刀刀尖位置的有向距离。

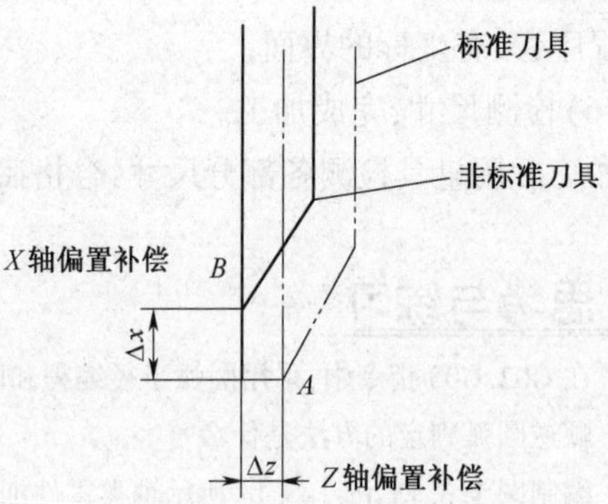

图 1.3.15　刀具的偏置补偿

（2）刀具几何补偿和磨损补偿的原理

当需要用多把刀加工工件时，编程过程中以其中一把刀为基准刀，事先测出这把刀的刀尖位置和要使用的各刀具的刀尖位置差，并把已测定的这些值设定在 CNC 刀具偏置表中。这样在更换刀具时，采用刀具偏置补偿功能后，不变更程序也可以加工不同零件。

刀具补偿功能由程序指定的 T 代码来实现，T 代码后的 4 位数码中，前两位为刀具号，后两位为刀具补偿号。刀具补偿号实际上是刀具补偿寄存器的地址号，该寄存器中放有刀具的几何偏置量和磨损偏置量（X 轴偏置、Z 轴偏置），如图 1.3.16 所示。

当车刀刀尖位置与编程存在差值时，可以通过刀具补偿的设定，使刀具在 X、Z 轴方向加以补偿。它是操作者控制工件尺寸的重要手段之一。

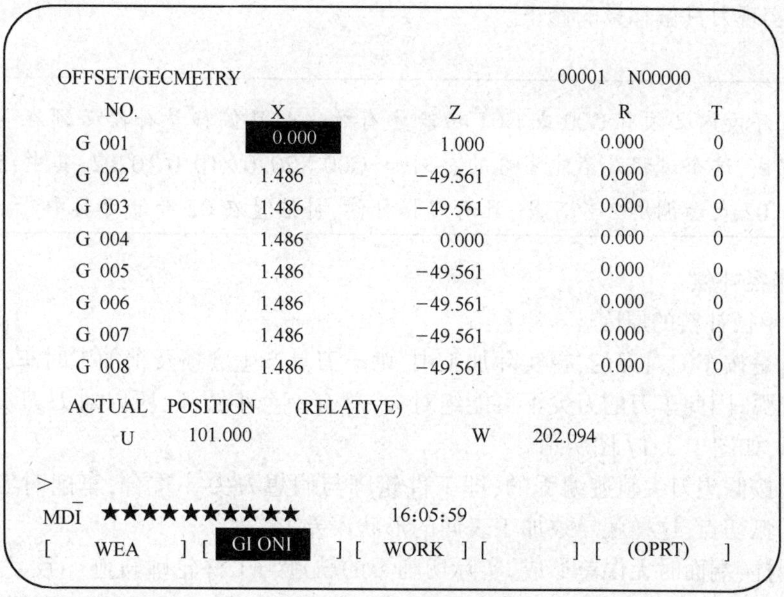

```
OFFSET/GECMETRY                          00001  N00000
     NO.          X             Z            R        T
   G 001        0.000        1.000        0.000      0
   G 002        1.486      −49.561        0.000      0
   G 003        1.486      −49.561        0.000      0
   G 004        1.486        0.000        0.000      0
   G 005        1.486      −49.561        0.000      0
   G 006        1.486      −49.561        0.000      0
   G 007        1.486      −49.561        0.000      0
   G 008        1.486      −49.561        0.000      0
   ACTUAL   POSITION   (RELATIVE)
       U     101.000                 W    202.094
   >
   MDI  ★★★★★★★★★          16:05:59
   [   WEA   ] [  GI ONI   ] [  WORK  ] [       ] [  (OPRT)  ]
```

(a)刀具几何偏置补偿画面

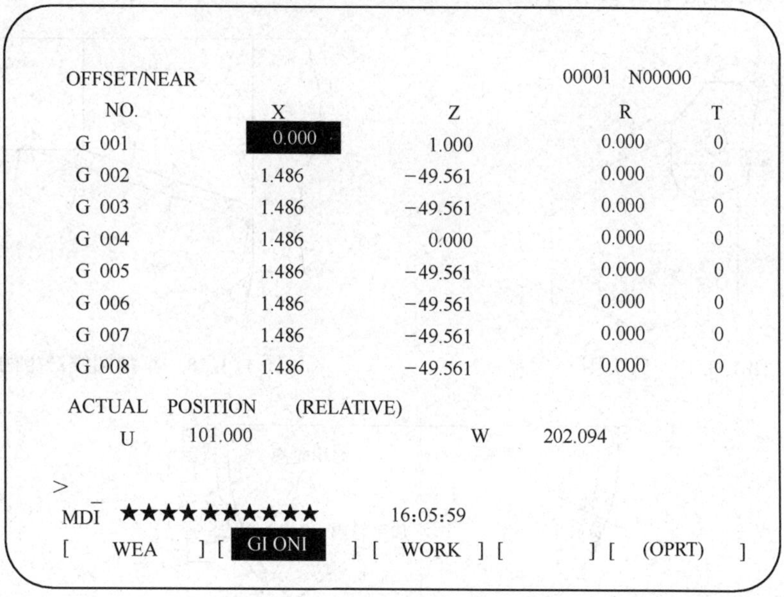

```
OFFSET/NEAR                              00001  N00000
     NO.          X             Z            R        T
   G 001        0.000        1.000        0.000      0
   G 002        1.486      −49.561        0.000      0
   G 003        1.486      −49.561        0.000      0
   G 004        1.486        0.000        0.000      0
   G 005        1.486      −49.561        0.000      0
   G 006        1.486      −49.561        0.000      0
   G 007        1.486      −49.561        0.000      0
   G 008        1.486      −49.561        0.000      0
   ACTUAL   POSITION   (RELATIVE)
       U     101.000                 W    202.094

   >
   MDI  ★★★★★★★★★          16:05:59
   [   WEA   ] [  GI ONI   ] [  WORK  ] [       ] [  (OPRT)  ]
```

(b)刀具磨损偏置寄存器画面

图 1.3.16 刀具补偿寄存器画面

当刀具磨损后或工件尺寸有误差时,只要修改每把刀具相应存储器中的数值即可,例如,某工件加工后,外圆直径比要求的直径大(或小)0.02 mm,则可以用"U−0.02"(或0.02)修改相应存储器中的数值;当长度方向尺寸有偏差时,修改方法雷同。由此可见,刀具偏移可以根据实际需要分别或同时对刀具轴向和径向的偏移量实行修正。修正的方法是在程序中事先给定各刀具及其刀具补偿号,每个刀具补偿号中 X 向刀补值和 Z 向刀补值,由操作者按实际需要输入数控装置。每当程序调用这一刀具补偿号时,该刀补值就生效,使刀尖位置恢复到编程轨迹上,从而实现刀具偏移量的修正。

> **注意:**
>
> 刀补程序段内必须有 G00 或 G01 功能才有效。而且偏移量补偿必须在一个程序段的执行中完成,这个过程是不能省略的。例如,G00 X20.0 Z10.0 T0202,其中,T0202 前两位和后两位 02 表示调用 2 号刀具,且有刀具补偿,补偿量在 02 号储存器中。

2. 刀尖半径补偿

(1)刀尖半径补偿的原因

数控机床是按车刀对刀的,在实际加工中,由于刀具产生磨损及精加工时车刀刀尖被磨成半径不大的圆弧,因此车刀的刀尖不可能绝对尖,总有一个小圆弧,所以对刀刀尖的位置是一个假想刀尖 A,如图 1.3.17 图所示。

编程时是按假想刀尖轨迹编程的,即工件轮廓与假想刀尖 A 重合,车削时实际起作用的切削刃却是圆弧切点,这样就导致加工表面的形状误差。

车内外圆柱、端面时无误差形成,实际切削刃的轨迹与工件轮廓轨迹一致。车锥面时,工件轮廓(即编程轨迹)与实际形状(实际切削刃)有误差,如图 1.3.18 所示。同样,车削外圆弧面也会产生误差,如图 1.3.19 所示。

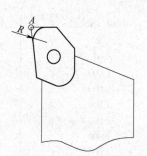

图 1.3.17 刀尖图

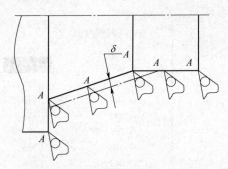

图 1.3.18 车削圆锥产生的误差

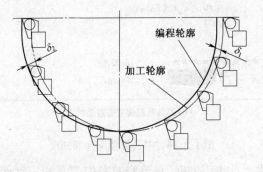

图 1.3.19 车削圆弧产生的误差

若工件要求不高或有加工余量,可忽略此误差;否则应考虑刀尖圆弧对工件形状的影响。为保持工件轮廓形状,加工时不允许刀具中心轨迹与被加工工件轮廓重合,而应与工件轮廓偏移一个半径值 R,这种偏移称为刀尖半径补偿。采用刀尖补偿功能后,编程者仍按工件轮廓编程,数控系统计算刀尖轨迹,并按刀尖轨迹运动,从而消除了刀尖圆弧半径对工件形状的影响,如图 1.3.20 所示。

（2）刀尖圆弧半径补偿指令 G40,G41,G42

一般数控装置都有刀具半径补偿功能,为编制程序提供了方便。有刀具半径补偿功能的数控系统编制零件加工程序时,不需要计算刀具中心运动轨迹,而只需要按零件轮廓编程。使用刀具半径补偿指令,并在控制面板上手工输入刀尖圆弧半径,数控装置便能自动的计算出刀具中心轨迹,并按刀具中心轨迹运动。即执行刀具半径补偿后,刀具自动偏离工件轮廓一个刀具半径值,从而加工出所要求的工件轮廓。

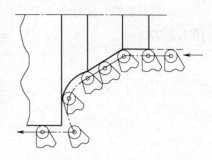

图 1.3.20　半径补偿后的刀具轨迹

当刀具重磨后,刀具半径变小,这时需要手工输入改变后的刀具半径,而不需要修改已编好的程序或纸带。

刀尖圆弧半径补偿是通过 G41、G42、G40 代码（指令）及 T 代码（指令）指定的刀尖圆弧半径补偿号,加入或取消半径补偿。

G41:刀具半径左补偿,即站在 Z 轴向上,沿刀具运动方向看,刀具位于工件左侧时的刀具补偿,如图 1.3.21 所示。

G42:刀具半径右补偿,即站在 Z 轴指向上,沿刀具运动方向看,刀具位于工件右侧时的刀具半径补偿,如图 1.3.21 所示。

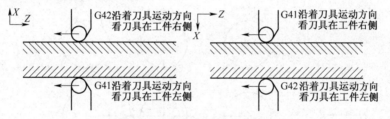

图 1.3.21　左刀补和右刀补

G40:刀具半径补偿取消,即使用命令后,使 G41、G42 指令无效。

编程格式：
$$\left.\begin{array}{c} G41 \\ G42 \\ G40 \end{array}\right\} \left.\begin{array}{c} G01 \\ G00 \end{array}\right\} X(U)-Z(W)-$$

说明：

X(U)、Z(W)为建立或取消刀补中刀具移动的终点坐标。刀尖半径补偿量 R 和刀尖方位号如图 1.3.22 所示,可以用面板上的功能键 OFSET 分别设定、修改并输入到 CNC 刀具补偿寄存器中。

注意:

（1）G41/G42 不带参数,其补偿号（代表所用刀具对应刀尖半径补偿值）由 T 代码指定。其刀尖圆弧补偿号与道具偏置补偿号对应。

（2）刀尖半径补偿的建立与取消只能用 G00 或 G01 指令,不能是 G02 或 G03。

（3）在调用新刀具前要更改刀具补偿方向时,中间必须取消刀具补偿,目的是避免产生加工误差。

（4）刀尖半径补偿取消,在 G41 或 G42 程序段后面加 G40 程序段。

车刀刀尖的方向号定义了刀具刀位点与刀尖圆弧中心的位置,其从0~9有10个方向,如图1.3.22所示。

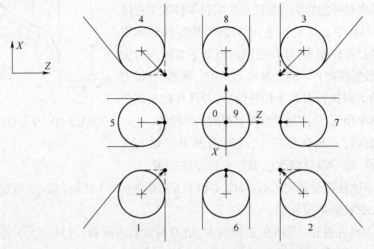

"●"代表刀具刀位点A,"+"代表刀尖圆弧圆心O

(a)

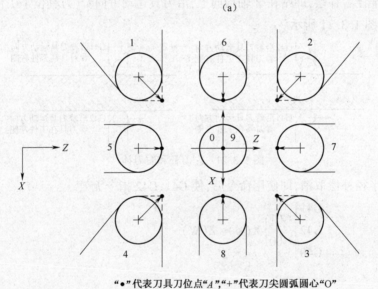

"●"代表刀具刀位点"A","+"代表刀尖圆弧圆心"O"

(b)

图1.3.22 车刀刀尖方位图

图1.3.23所示为刀具半径补偿示例,为保证圆锥面的加工精度,采用刀尖半径补偿指令编程,其程序如下所示。

【例】 考虑刀尖圆弧半径补偿,编制如图1.3.24所示零件的精加工程序。

[程序语句]

```
O0701
N1   T0101              (换一号刀,确定其坐标系)
N2   M03 S1200          (主轴以400 r/min正转)
```

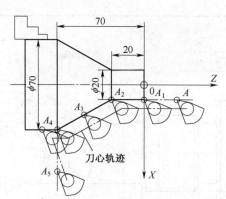

...........T0101

N40 G00 X20.0 Z2.0

N50 G41 G01 X20.0 Z0 F120

N60 Z-20.0

N70 X70.0 Z-70.0

N80 G40 G01 X80.0 Z-70.0

......

图1.3.23 刀具半径补偿示例

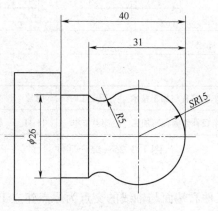

图1.3.24 精加工程序

N3	G00 X40 Z2	（到程序起点位置）
N4	G00 X0	（刀具移到工件中心）
N5	G01 G42 Z0 F60	（加入刀尖圆弧半径补偿，刀具接触工件）
N6	G03 U24 W-24 R15	（加工 $SR15$ 圆弧段）
N7	G02 X26 Z-31′R5	（加工 $R5$ 圆弧段）
N8	G01 Z-40	（加工 $\Phi26$ 外圆）
N9	G00 X30	（退出已加工表面）
N10	G40 X40 Z5	（取消半径补偿，返回到程序起点位置）
N11	M30	（主轴停，主程序结束并复位）

 操作实训

加工图1.3.25所示综合零件。工艺条件：工件材质为45钢或铝；毛坯尺寸为$\phi30$ mm，长105 mm。

1. 零件图工艺分析

（1）技术要求分析。如图1.3.25所示，零件包括圆柱面、凹凸圆弧、螺纹、沟槽、倒角等结构。零件材料为45钢或铝。

（2）确定装夹方案、定位基准、加工起点、换刀点。毛坯为棒料，用三爪自定心卡盘夹紧定位。工件零点设在工件右侧面，加工起点和换刀点可以设为同一点，Z向在工件的右前方距工件右端面100 mm，X向距轴心线50 mm的位置。

（3）指定加工工艺路线、确定刀具、加工方案。

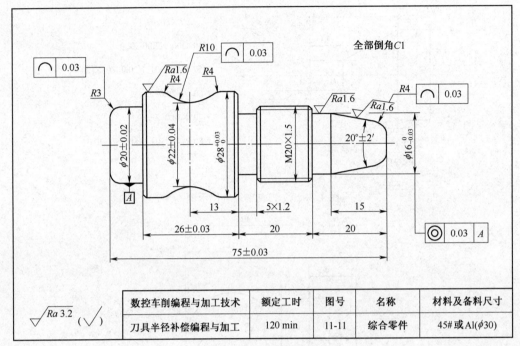

图 1.3.25　综合零件

2．数值计算

（1）设定程序原点，以工件右端面与轴线的交点为原点建立工件坐标体系。

（2）计算各节点位置坐标值，过程略。

3．工件参考程序与加工操作过程

（1）工件的参考程序如表 1.3.5 所示。

表 1.3.5　综合零件参考程序

程　　序	说　　明
O0702	程序名
G98　S700 M3；	主轴正转
T0202；	选择 2 号外圆刀
G0 X30 Z5；	粗加工定位
G71 U1.5 R0.5；	采用粗加工循环指令
G71 P70 Q170 U0.3 W0.1 F130；	
N70 G0 X0；	循环内容
G42 G01 Z0 F60；	
X3.99；	
G03 X11.88 Z-3.31 R4.0；	
G01 X16.0 Z-15.0；	
Z-20.0；	
X18.0；	
X20.0 Z-21.0；	
Z-40.0；	
X26.0；	

续表

程　　序	说　　明
X28.0 W-1.0;	循环内容
Z-80.0;	
N170 G40 X29.0;	
G0 X100.0 Z100.0 M5;	快速定位
M0;	程序暂停
S1200 M3 T0101;	主轴正转,换1号外圆刀
G0 X30 Z5;	快速定位
G70 P70 Q170;	调用精车指令
G0 X100.0 Z100.0 M05;	快速定位
M0;	暂停,测量尺寸
G98 S700 M3;	主轴正转
T0202;	更换2号外圆刀
G0 X30 Z-53.0;	快速定位
G73 U4 R4;	采用封闭切削循环加工
G73 P210 Q260 U0.3 W0 F120;	
N210 G42 G0 X29.0;	循环内容
Z-44.3;	
G01 X28.0;	
G03 X26.29 Z-46.81 R4.0;	
G02 X26.29 Z-59.19 R10.0;	
G03 X28.0 Z-61.66 R4.0;	
N260 G40 G01 X29.0;	
G0 X100.0 Z100.0 M5;	快速定位
M0;	程序暂停,测量尺寸
S1200 M3 T0101;	更换1号外圆刀
G0 X30 Z5;	快速定位
G70 P210 Q260;	调用精车指令
G0 X100.0 Z100.0 M05;	快速定位
M0;	暂停,测量尺寸
S600 M3 T0303;	换3号刀
G0 X30.0 Z-15.0;	快速定位
G76 P010160 Q25 R25;	采用螺纹循环指令
G76 X16.5 Z-37.0 P975 Q300 F1.5;	
G0 X100.0 Z100.0 M5;	快速定位
M0;	暂停,测量尺寸
S500 M3 T0404;	换4号切槽刀,刀宽3mm左刀尖刀位点
｜G0 X22 Z-38.0;	切槽
G01 Z-40 F20;	
X17.6;	
G0 X22.0;	
Z-36.0;	

程　序	说　明
G01 X18.0 W-2.0;	倒角
X17.6;	切槽
G0 X40.0;	退刀
X32 Z-79;	快速定位
G01 X18.0 F20;	切削 G72 退刀位置
G0 X32.0;	快速定位
G72 W2.5 R0.1;	采用粗加工循环指令
G72 P560 Q620 U0.2 W0 F20;	
N560 G42 G0 Z-68.0;	循环内容
G01 X28.0;	
X26.0 W-1.0;	
X20.0;	
W-6.0;	
G03 X14.0 W-3.0 R3.0;	
N620 G40 G01 Z-79.0;	
G70 P560 Q620;	调用精车指令
G0 X100.0 Z100.0;	快速定位
M0;	暂停,测量尺寸
S55 M3 T0404;	换 4 号切槽刀,
G0 X30 Z-78.0;	定位切断工件
G01 X0 F20;	
G0 X100.0;	快速退刀
Z100.0 M5;	
M30;	程序结束

（2）输入程序。

（3）采用数控编程模拟软件对加工刀具轨迹仿真,或采用数控系统图形仿真加工,进行程序校验机修整。

（4）安装刀具,对刀操作,建立工件坐标。

（5）启动程序,自动加工。

（6）停车后,按图纸要求检测工件,对工件进行误差与质量分析。

4. 安全操作和注意事项

（1）对刀时,切槽刀左刀尖作为编程的刀位点。

（2）设定循环起点时要注意循环中快进时不能撞刀。

 思考与练习

1. 为什么要进行刀具几何补偿与磨损补偿?

2. 车刀刀尖半径补偿的原因有哪些?

3. 为什么要用刀具半径补偿? 刀具半径补偿有哪几种? 指令有哪些?

4. 在使用 G40、G41、G42 指令时要注意哪些问题?

单一固定循环指令是对 G00 与 G01 指令的简化。G90 主要用于工件的内外圆柱面、内外圆锥面的加工,G92 用于工件的直螺纹和锥螺纹的加工,G94 用于倒角、端面的加工。学生可根据已学过的内容进行切削加工比较,以便更好地掌握单一循环指令的优势。

课题一　G90 指令编程及加工

 ## 学习目标

1. 掌握 G90 编程方法。
2. 掌握 G90 使用时的注意事项。
3. 根据加工要求完成 G90 编程加工。

 ## 相关知识

单一形状固定循环车削循环指令 G90。应用范围:内、外圆柱面,或内、外圆锥面的循环车削。G90 车削循环轨迹,如图 1.4.1、图 1.4.2 所示。

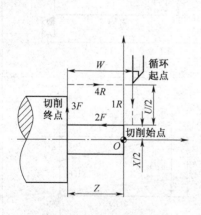

图 1.4.1　外圆切削循环

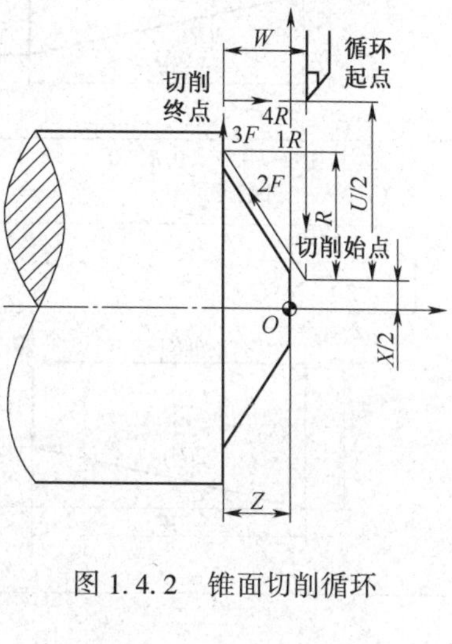

图 1.4.2　锥面切削循环

1. 内、外圆柱面车削循环指令 G90

(1)指令格式:G90　X(U)__ Z(W)__ F__;

式中:X、Z——圆柱面切削终点坐标值,mm;

U、W——圆柱面切削终点相对循环起点的增量值,mm;

F——进给速度。

单程序段其加工顺序按矩形 $1R$、$2F$、$3F$、$4R$ 循环,最后又回到循环起点。图中的虚线表示按 R 快速移动,实线表示按 F 指令指定的工件进给速度移动。

(2)注意事项:

①使用增量值指令时 U、W 后数值加工方向由轨迹 $1R$ 和 $2F$ 的方向来决定;

②G90 指令进行内圆面加工用绝对值编程时,X 的值越来越大,用增量值编程时 U 值则由背吃刀量来决定。

2. 内、外锥面车削循环指令 G90

(1)指令格式:G90　X(U)＿ Z(W)＿ R　F＿;

式中:X、Z——圆柱面切削终点坐标值,mm;

U、W——圆柱面切削终点相对循环起点的增量值,mm;

R——锥体大小端的半径差;

F——进给速度。

单程序段其加工顺序按矩形 $1R$、$2F$、$3F$、$4R$ 循环,最后又回到循环起点。图中的虚线表示按 R 指令快速移动,实线表示按 F 指令指定的工件进给速度移动。

(2)指令中参数符号如图 1.4.3 所示。

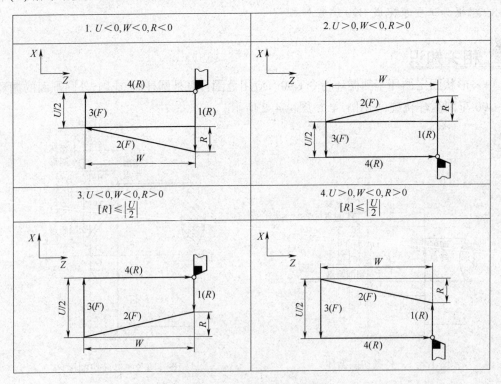

图 1.4.3　参数符号的确定

(3)注意事项:

①由于刀具沿径向移动是快速移动,为避免打刀,刀具在 Z 向应有一定的安全距离,所以

在考虑 R 时,应按延伸后的尺寸进行计算。

②采用编程时,应注意 R 的符号,确定的方法是:锥面的起点坐标大于终点坐标时取正值,反之取负值。

 操作实训

(一)在数控车床上加工图 1.4.4 所示零件外轮廓,工件材料:φ40 mm×100 mm 的钢料,试编程加工。

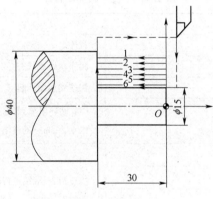

图 1.4.4　外轮廓

1. 工艺分析

(1)工、夹、量、刀具选择见表 1.4.1。

①工、夹具选择。将毛坯装夹在三爪自定心卡盘上,划线盘找正。

②量具选择。选用外径千分尺 0~25 mm 及 0~150 mm 的游标卡尺。

③刀具选择。选择 90°硬质合金外圆刀,安装在 1 号刀位。

表 1.4.1　工、夹、量、刀具一览表

分类	名称	规格	精度	单位	数量	备注
夹具	三爪自定心卡盘			个	1	
工具	卡盘扳手			副	1	
	刀架扳手			副	1	
	垫刀片			块	若干	
	划线盘			个	1	
量具	游标卡尺	0~150 mm	0.02 mm	把	1	
	外径千分尺	0~25 mm	0.01 mm	把	1	
刀具	外圆车刀	90°		把	1	

(2)制订加工工艺方案。

选用 T1　90°外圆刀,用 G90 粗加工各部外圆,给精车留 0.4 mm 余量。具体见表 1.4.2。

表 1.4.2　机械零件加工工艺

工步号	工步内容	刀具号	切削用量		
			a_p/mm	F/(mm·r^{-1})	n/(r·min^{-1})
1	G90 粗车各部外圆	T01	1.5	0.2	500

2. 参考程序

选取右端面与工件轴线交点作为工件坐标原点,编写程序见表 1.4.3。

表 1.4.3　台阶轴加工程序

程　序	说　明
O0401;	程序名
G0 G40 G97 G99 M03 S500 T0101;	程序初始段状态
X42.0 Z2.0;	快速到达循环起点
G90　X37.0 Z-40.0 F0.2;	G90 循环粗车,背吃刀量 3.0 mm(刀具直径值) 以 0.2 mm/r 的进给速度进给
X34.0;	模态指令,继续进行循环加工 2~6 次 背吃刀量 3.0 mm(直径值) 以 0.2 mm/r 的进给速度进给
X31.0;	
X28.0;	
X25.0;	
X22.0;	
X20.4;	最后一次粗车循环,背吃刀量 1.6 mm(直径值),以 0.2 mm/r 的进给速度进给,给 X 向留余量 0.4 mm
G00　X100.0 Z100.0;	快速返回到起刀点
T0100 M05;	取消刀补,主轴停转
M30;	程序结束,光标返回开始处

3. 加工过程

(1)加工准备

装夹毛坯,用三爪自定心卡盘装夹牢固,伸出长度为 60 mm 左右。检查机床状态,开机回零。装夹刀具。90°硬质合金外圆刀安装在 1 号刀位上,其伸出长度合适,刀尖与工件中心等高,装夹牢固。程序输入机床。

(2)程序校验

打开输入的程序,进行图形仿真。

①设置参数。

操作步骤:录入→设置→移动箭头⇓调整 X、Z 最大与最小值。

②图形仿真。

首先将刀补清零,在作图界面中,将 S 置于作图状态(默认 T 停止作图)。

操作步骤:自动→主运动锁定→辅助运动锁定→单段→空运行→循环启动。

注意:

　　图形仿真时一定从安全角度考虑,辅助运动必须锁定。仿真完毕后,解除空运行及主、辅运动。

（3）试切对刀

对刀操作时注意退刀方向,对刀完毕后用手动方式验证对刀的准确性。

（4）自动加工

操作步骤:自动方式下,①首件全程单段;②快速倍率最小 F0,防止撞刀;③主界面:既有程序,又有坐标的界面。

（5）检测

加工后用量具检测各部分尺寸,合格后切断工件。

（二）在数控车床上加工图 1.4.5 所示零件外轮廓,工件材料为 $\phi40$ mm×100 mm 的钢料,试编程加工。

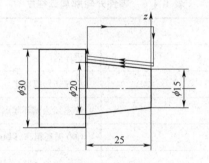

图 1.4.5　零件外轮廓

1. 工艺分析

（1）工、夹、量、刀具选择（见表 1.4.4）

表 1.4.4　工、夹、量、刀具一览表

分类	名称	规格	精度	单位	数量	备注
夹具	三爪自定心卡盘			个	1	
工具	卡盘扳手			副	1	
	刀架扳手			副	1	
	垫刀片			块	若干	
	划线盘			个	1	
量具	游标卡尺	0~150 mm	0.02 mm	把	1	
	外径千分尺	25~50 mm	0.01 mm	把	1	
刀具	外圆车刀	90°		把	1	

①工、夹具选择。将毛坯装夹在三爪自定心卡盘上,划线盘找正。

②量具选择。选用外径千分尺 25~50 mm 及 0~150 mm 的游标卡尺。

③刀具选择。选择 90°硬质合金外圆刀,安装在 1 号刀位。

(2)制订加工工艺方案

选用 T1 90°外圆刀,用 G90 指令粗加工各部分外圆,给精车留 0.5 mm 余量。

用 G90 指令精加工各部分外圆,具体见表 1.4.5。

表 1.4.5 机械零件加工工艺

工步号	工步内容	刀具号	切削用量		
			a_p/mm	F/(mm · r^{-1})	n/(r · min^{-1})
1	G90 粗车圆锥面	T01	2.0	0.2	500
2	G90 精车圆锥面	T01	0.25	0.1	800

2. 参考程序

选取右端面与工件轴线交点作为工件坐标原点,编写程序见表 1.4.6。

表 1.4.6 零件外轮廓加工程序

程 序	说 明
O0402;	程序名
G0 G40 G97 G99 M03 S500 T0101;	程序初始段状态
X32.0 Z1.0;	快速到达循环起点
G90 X26.0 Z-25.0 R-2.6 F0.2;	G90 循环粗车,以 0.2 mm/r 的进给速度进给
X22.0;	模态指令,继续循环加工 2 次
X20.5;	最后一次粗车循环,以 0.2 mm/r 的进给速度进给,给 X 向留 0.5 mm 的余量
G90 X20.0 Z-25.0 R-2.6 F0.1 S800;	G90 循环精车,以 0.1 mm/r 的进给速度进给
G00 X100.0 Z100.0;	快速返回到起刀点
T0100 M05;	取消刀补,主轴停转
M30;	程序结束,光标返回到开始处

3. 加工过程

(1)加工准备

装夹毛坯,用三爪自定心卡盘装夹牢固,伸出长度为 50 mm 左右。检查机床状态,开机回零。装夹刀具。90°硬质合金外圆刀安装在 1 号刀位上,其伸出长度合适,刀尖与工件中心等高,装夹牢固,将程序输入机床。

(2)程序校验

打开输入的程序,进行图形仿真。

①设置参数。

操作步骤:录入→设置→移动箭头↓调整 *X*、*Z* 最大与最小值。

②图形仿真。

首先将刀补清零,在作图界面中将 S 置于作图状态(作图方式)(默认 T 停止作图)。

操作步骤:自动→主运动锁定→辅助运动锁定→单段→空运行→循环启动。

> **注意**:
>
> 　　图形仿真时从安全角度考虑,辅助运动必须锁定。仿真完毕后,解除空运行及主、辅运动。

(3)试切对刀

对刀操作时注意退刀方向,对刀完毕后用手动方式验证对刀的准确性。

(4)自动加工

操作步骤:在自动方式下,①首件全程单段;②快速倍率最小 F0,防止撞刀;③主界面:既有程序,又有坐标的界面。

(5)检测

加工后用量具检测各部分尺寸,合格后切断工件。

4. 注意事项

(1)粗加工后要测量外径尺寸,尺寸变大或变小时,应调整刀补参数。如果变大了,要在其刀号下输入"U"及变化数值,反之要输入 U+及变化数值,严格控制尺寸。

(2)图形仿真时注意安全,应将主运动锁定,辅助运动锁定,仿真后要取消锁定。一定要解除空运行,否则实际加工时由于速率太快,会发生撞车事故。

(3)车锥面时刀尖一定要与工件轴线等高,否则车出工件圆锥素线不直,呈双曲线。

 思考与练习

一、问答题

1. 简述 G90 指令格式,并说明其含义。

2. 试述 G90 指令的应用范围。

二、操作练习

图 1.4.6 所示为外圆锥零件,其毛坯尺寸 φ32 mm 棒料,材料为 45 钢。试运用 G90 指令进行编程加工。

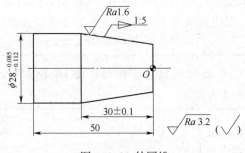

图 1.4.6　外圆锥

课题二　G94指令编程及加工

 学习目标

1. 掌握 G94 编程方法。
2. 根据加工要求完成 G94 编程加工。

 相关知识

端面车削循环指令 G94。

应用范围:应用于一些长度短、直径大的零件的垂直端面或锥形端面的循环车削。

G94 端面车削循环轨迹如图 1.4.7、图 1.4.8 所示。

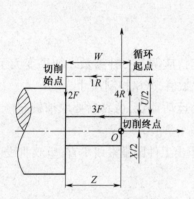

图 1.4.7　G94 加工外圆端面

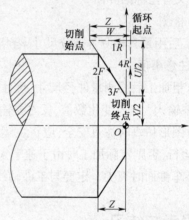

图 1.4.8　G94 加工圆锥端面

端面循环车削指令 G94 如图 1.4.7 所示。

指令格式:G94　X(U)__ Z(W)__ F__;

式中:X、Z——端面切削终点坐标值,mm;

　U、W——端面切削终点相对循环起点的增量值,mm;

　　F——进给速度。

单程序段其加工顺序按矩形 1R、2F、3F、4R 循环,最后又回到循环起点。图 1.4.7 中的虚线表示按 R 指令快速移动,实线表示按 F 指令指定的工件进给速度移动。

> **注意**:
>
> 　使用增量值指令时 U、W 后面的数值方向由轨迹 1R 和 2F 的方向来决定;锥形端面车削循环指令 G94 如图 1.4.8 所示。

指令格式:G94　X(U)__ Z(W)__ R　F__;

式中:X、Z——圆柱面切削终点坐标值,mm;

　U、W——圆柱面切削终点相对循环起点的增量值,mm;

R——为端面切削始点与切削终点在 *Z* 轴方向的坐标增量；

F——进给速度。

单程序段其加工顺序按矩形 1*R*、2*F*、3*F*、4*R* 循环,最后又回到循环起点。图中的虚线表示按 R 指令快速移动,实线表示按 F 指令指定的工件进给速度移动。

 操作实训

(一)在数控车床上加工图 1.4.9 所示零件外轮廓,工件材料为 φ60 mm×100 mm 的钢料,试编程加工。

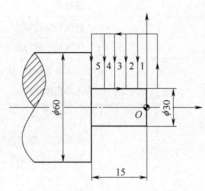

图 1.4.9　零件外轮廓

1. 工艺分析

(1)工、夹、量、刀具选择(见表 1.4.7)。

①工、夹具选择。将毛坯装夹在三爪自定心卡盘上,划线盘找正。

②量具选择。选用外径千分尺 25~50 mm 及 0~150 mm 的游标卡尺。

③刀具选择。选择 90°硬质合金外圆刀,安装在 1 号刀位。

表 1.4.7　工、夹、量、刀具一览表

分类	名称	规格	精度	单位	数量	备注
夹具	三爪自定心卡盘			个	1	
工具	卡盘扳手			副	1	
	刀架扳手			副	1	
	垫刀片			块	若干	
	划线盘			个	1	
量具	游标卡尺	0~150 mm	0.02 mm	把	1	
	外径千分尺	25~50 mm	0.01 mm	把	1	
刀具	外圆车刀	90°		把	1	

(2)制订加工工艺方案

选用 T190°外圆刀,用 G94 指令粗加工各部分外圆,给精车留 0.5 mm 余量。再使用 G94 指令精加工各部分外圆,具体见表 1.4.8。

2. 参考程序

选取右端面与工件轴线交点作为工件坐标原点,编写程序见表 1.4.9。

表 1.4.8　机械零件加工工艺

工步号	工步内容	刀具号	切削用量		
			a_p/mm	F/(mm·r^{-1})	n/(r·min^{-1})
1	G94 粗车各部外圆	T01	3.0	0.2	500
2	G94 精车各部外圆	T01	0.25	0.1	800

表 1.4.9　零件外轮廓加工程序

程　序	说　明
O0403；	程序名
G0 G40 G97 G99 M03 S500 T0101；	程序初始段状态
X62.0 Z2.0；	快速到达循环起点
G94　X30.2 Z−3.0 F0.2；	G94 循环粗车，背吃刀量 3.0 mm（直径值）以 0.2 mm/r 的进给速度进给
Z−6.0；	
Z−9.0；	模态指令，继续进行
Z−12.0；	循环加工 2~5 次
Z−14.5；	
G94　X30.0 Z−15.0 F0.1 S800；	G94 循环精车，以 0.1 mm/r 的进给速度进给
G00　X100.0 Z100.0；	快速返回到起刀点
T0100 M05；	取消刀补，主轴停转
M30；	程序结束，光标返回到开始处

3. 加工过程

（1）加工准备

装夹毛坯，用三爪自定心卡盘装夹牢固，伸出长度为 40 mm 左右。检查机床状态，开机回零。装夹刀具。90°硬质合金外圆刀安装在 1 号刀位上，其伸出长度合适，刀尖与工件中心等高，装夹牢固。程序输入机床。

（2）程序校验

打开输入的程序，进行图形仿真。

①设置参数。

操作步骤：录入→设置→移动箭头⇩调整 X、Z 最大与最小值。

②图形仿真。

首先将刀补清零，在作图界面中，将 S 置于作图状态（默认 T 停止作图）。

操作步骤：自动→主运动锁定→辅助运动锁定→单段→空运行→循环启动。

─ **注意**：─

图形仿真时一定从安全角度考虑，辅助运动必须锁定。仿真完毕后，解除空运行及主、辅运动。

（3）试切对刀

对刀操作时注意退刀方向,对刀完毕后用手动方式验证对刀的准确性。

（4）自动加工

操作步骤:自动方式下,①首件全程单段;②快速倍率最小 F0,防止撞刀;③主界面:既有程序,又有坐标的界面。

（5）检测

加工后用量具检测各部分尺寸,合格后切断工件。

（二）在数控车床上加工图 1.4.10 所示零件外轮廓,工件材料为 ϕ60 mm×100 mm 的钢料,试编程加工。

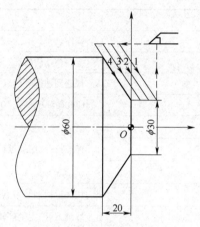

图 1.4.10 零件外轮廓

1. 工艺分析

（1）工、夹、量、刀具选择（见表 1.4.10）。

①工、夹具选择。将毛坯装夹在三爪自定心卡盘上,划线盘找正。

②量具选择。选用外径千分尺 25~50 mm 及 0~150 mm 的游标卡尺。

③刀具选择。选择 90°硬质合金外圆刀,安装在 1 号刀位。

表 1.4.10 工、夹、量、刀具一览表

分类	名称	规格	精度	单位	数量	备注
夹具	三爪自定心卡盘			个	1	
工具	卡盘扳手			副	1	
	刀架扳手			副	1	
	垫刀片			块	若干	
	划线盘			个	1	
量具	游标卡尺	0~150 mm	0.02 mm	把	1	
	外径千分尺	25~50 mm	0.01 mm	把	1	
刀具	外圆车刀	90°		把	1	

（2）制订加工工艺方案

选用 T190°外圆刀，用 G94 指令加工各部分外圆。具体见表 1.4.11。

表 1.4.11 机械零件加工工艺

工步号	工步内容	刀具号	切削用量		
			a_p/mm	F/(mm·r^{-1})	n/(r·min^{-1})
1	G94 加工圆锥面	T01	2.0	0.2	500

2. 参考程序

选取右端面与工件轴线交点作为工件坐标原点，编写程序见表 1.4.12。

表 1.4.12 零件外轮廓加工程序

程 序	说 明
O0404;	程序名
G0 G40 G97 G99 M03 S500 T0101;	程序初始段状态
X62.0 Z5.0;	快速到达循环起点
G94 X15.0 Z0. R-5.0 F0.2;	G90 循环粗车，以 0.2 mm/r 进给速度进给
Z-10.0;	模态指令，继续进行循环加工 2~5 次
Z-15.0;	
Z-20.0;	
G00 X100.0 Z100.0;	快速返回到起刀点
T0100 M05;	取消刀补，主轴停转
M30;	程序结束，光标返回到开始处

3. 加工过程

（1）加工准备

装夹毛坯，用三爪自定心卡盘装夹牢固，伸出长度为 40 mm 左右。检查机床状态，开机回零。装夹刀具，90°硬质合金外圆刀安装在 1 号刀位上，其伸出长度合适，刀尖与工件中心等高，装夹牢固。程序输入机床。

（2）程序校验

打开输入的程序，进行图形仿真。

①设置参数。

操作步骤：录入→设置→移动箭头↓调整 X、Z 最大与最小值。

②图形仿真。

首先刀补清零。将 S 置于作图状态（作图方式）（默认 T 停止作图）。

操作步骤：自动→主运动锁定→辅助运动锁定→单段→空运行→循环启动。

> **注意：**
> 图形仿真时一定从安全角度考虑，辅助运动必须锁定。仿真完毕后，解除空运行及主、辅运动。

（3）试切对刀

对刀操作时注意退刀方向,对刀完毕后用手动方式验证对刀的准确性。

（4）自动加工

操作步骤:自动方式下,①首件全程单段;②快速倍率最小 F0,防止撞刀;③主界面:既有程序,又有坐标的界面。

（5）检测

加工后用量具检测各部分尺寸,合格后切断工件。

4. 注意事项

（1）粗加工后要测量外径尺寸,尺寸变大或变小时,应调整刀补参数。如果变大了多少值,要在其刀号下输入"U−"及变化数值,反之要输入"U+"及变化数值,严格控制尺寸。

（2）图形仿真时应注意安全,一定将主运动锁定,辅助运动锁定,仿真后要取消锁定。一定要解除空运行,否则实际加工时由于速率太快,会发生撞车事故。

（3）车锥面时刀尖一定要与工件轴线等高,否则车出工件圆锥素线不直,呈双曲线。

 思考与练习

一、问答题

1. 简述 G94 指令格式,并说明其含义。

2. 试述 G94 指令的应用范围。

二、操作练习

图 1.4.11 所示为圆锥轴零件,其毛坯为 φ32 mm 棒料,材料为 45 钢。试运用 G94 指令进行编程加工。

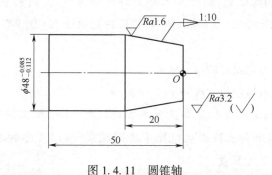

图 1.4.11 圆锥轴

课题三 G32 G92 指令编程及加工

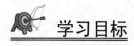 学习目标

1. 掌握 G32、G92 编程方法。

2. 掌握 G32、G92 使用时的注意事项。

3. 根据加工要求完成 G32、G92 编程加工。

 相关知识

数控车床可以加工直螺纹、锥螺纹和端面螺纹。

1. 螺纹的车削方法

由于螺纹加工属于成形加工,为了保证螺纹的导程,加工时主轴旋转一周,车刀的进给量必须等于螺纹的导程,进给量较大;另外,螺纹车刀的强度一般较差,故螺纹牙型往往不是一次加工而成的,需要进行多次切削,如欲提高螺纹表面质量,可增加几次光整加工。在数控车床上加工螺纹的方法有直进法、斜进法两种。直进法适合加工后导程较小的螺纹,斜进法适合加工后导程较大的螺纹。

2. 车螺纹前直径尺寸的确定

普通螺纹各基本尺寸的计算如下:

$$螺纹大径\ d = D\ (螺纹大经的基本尺寸与公称直径相同)$$

$$中径\ d_2 = D_2 = d - 0.649\ 5P$$

$$牙型高度\ h_1 = 0.541\ 3P$$

$$螺纹小径\ d_1 = D_1 = d - 1.082\ 5P$$

式中:P——螺纹的螺距。

> **注意:**
>
> (1) 高速车削普通外螺纹时,受车刀挤压后会使螺纹大径尺寸胀大,因此螺纹的外圆直径,应比螺纹大径小。当螺距为 1.5~3.5 mm 时,外径一般可以小 0.2~0.4 mm。
>
> (2) 车削普通外内螺纹时,因为车刀切削时的挤压作用,内孔直径会缩小(车削塑性材料较明显)所以车削内螺纹前的孔径(D)应比内螺纹小径(D_1)略大些,孔径尺寸,可以用下列近似公式计算。
>
> 车削塑性金属的内螺纹时:$D_{孔} \approx d - p$
>
> 车削脆性金属的内螺纹时:$D_{孔} \approx d - 1.05p$
>
> (3) 螺纹行程的确定。在数控车床上加工螺纹时,由于机床伺服系统本身具有滞后特性,会在螺纹起始段和停止段发生螺距不规则现象,所以实际加工螺纹的长度 W 应包括切入和切出的刀具空行程量,
>
> $$W = L + \delta_1 + \delta_2$$
>
> 式中:δ_1——切入空行程量,一般取 2~5 mm;
>
> δ_2——切出空行程量,一般取 0.5 mm。

3. 螺纹切削 G32 指令介绍

指令格式:G32 X(U)_ Z(W)_ F_;

式中:X、Y——螺纹终点坐标值;

U、W——螺纹终点相对起点的增量值；

F——导程。

G32 是最基本的螺纹加工指令。公制的导程用 F 指定,英制的每英寸牙数用 I 指定。螺纹车刀进给运动严格根据输入的螺纹导程进行。但是,螺纹车刀的切入、切出、返回等均需另外编入程序,编写的程序段比较多,在实际编程中一般很少使用 G32 指令。

> **注意**:
>
> 　对于锥螺纹(见图 1.4.13),其斜角 α 在 45°以下时,螺纹导程以 Z 轴方向指定;斜角 α 在 45°以上至 90°时,以 X 轴方向值指定。

4. 螺纹车削循环指令 G92

应用范围:内、外圆,或内、外圆锥螺纹的循环车削。

G92 车削循环轨迹,如图 1.4.12、图 1.4.13 所示。

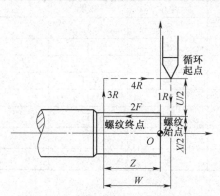

图 1.4.12　圆柱外螺纹车削循环轨迹

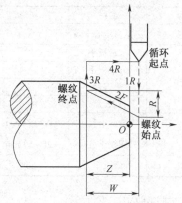

图 1.4.13　圆锥外螺纹车削循环轨迹

(1)内、外圆螺纹车削循环指令 G92 如图 1.4.12 所示。

指令格式:G92　X(U)_Z(W)_F_;

式中:X、Z——圆柱面切削终点坐标值,mm。

U、W——圆柱面切削终点相对循环起点的增量值,mm;

F——螺纹的导程

单程序段其加工顺序按矩形 1R、2F、3F、4R 循环,最后又回到循环起点。图中的虚线表示按 R 快速移动,实线表示按 F 指定的工件进给速度移动。

(2)外、内圆锥螺纹车削循环指令 G92 如图 1.4.13 圆锥螺纹。

指令格式:G92　X(U)_Z(W)_R_F_;

式中:X、Z——圆柱面切削终点坐标值,mm;

U、W——圆柱面切削终点相对循环起点的增量值,mm;

R——为锥体大小端(考虑空刀导入量和空刀导出量切削螺纹)的半径差,其正负符号规定与 G90 中的 R 相同;

F——螺纹导程。

单程序段其加工顺序按矩形 1R、2F、3R、4R 循环,最后又回到循环起点。图中的虚线表示按 R 快速移动,实线表示按 F 指定的工件进给速度移动。

操作实训

（一）在数控车床上加工图 1.4.14 所示圆柱外螺纹,工件材料为 ϕ40 mm×100 mm 的钢料,试编程加工。

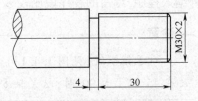

图 1.4.14　圆柱外螺纹

1. 工艺分析

（1）工、夹、量、刀具选择（见表 1.4.13）

①工、夹具选择。将毛坯装夹在三爪自定心卡盘上,划线盘找正。

②量具选择。选用 25~50 mm 外螺纹千分尺、0~150 mm 游标卡尺。

③刀具选择。选择 60°硬质合金外螺纹车刀,安装在 3 号刀位。

表 1.4.13　工、夹、量、刃具一览表

分类	名称	规格	精度	单位	数量	备注
夹具	三爪自定心卡盘			个	1	
工具	卡盘扳手			副	1	
	刀架扳手			副	1	
	垫刀片			块	若干	
	划线盘			个	1	
量具	游标卡尺	0~150 mm	0.02 mm	把	1	
	外螺纹千分尺	25~50 mm	0.01 mm	把	1	
刀具	外螺纹车刀	60°		把	1	

（2）制订加工工艺方案

选用 T3 60°外螺纹车刀,用 G92 指令粗、精加工外螺纹,具体见表 1.4.14。

表 1.4.14　机械零件加工工艺

工步号	工步内容	刀具号	切削用量		
			a_p/mm	F/(mm·r^{-1})	n/(r·min^{-1})
1	G92 加工外螺纹	T03	逐层递减	2	500

2. 参考程序

选取右端面与工件轴线交点作为工件坐标原点,编写程序见表 1.4.15。

表 1.4.15　圆柱外螺纹加工程序

程　序	说　明
O0405;	程序名
G0 G40 G97 G99 M03 S500 T0303;	程序初始段状态
X32.0 Z4.0;	快速到达循环起点
G92　X29.1 Z-27.0 F2.0;	G92 车削螺纹第一次
X28.5;	模态指令,车削螺纹第二次

程　　序	说　　明
X27.9;	车削螺纹第三次
X27.5;	车削螺纹第四次
X27.4;	车削螺纹第五次(精车)
G00　X100.0 Z100.0;	快速返回到起刀点
T0100 M05;	取消刀补,主轴停转;
M30;	程序结束,光标返回到开始处

3. 加工过程

(1)加工准备

装夹毛坯,用三爪自定心卡盘装夹牢固,伸出长度为 50 mm 左右。检查机床状态,开机回零。装夹刀具,60°硬质合金外螺纹车刀安装在 3 号刀位上,其伸出长度合适,刀尖与工件中心等高,装夹牢固后,将程序输入机床。

(2)程序校验

打开输入的程序,进行图形仿真。

①设置参数。

操作步骤:录入→设置→移动箭头⇩调整 X、Z 最大与最小值。

②图形仿真。

首先刀补清零,将 S 置于作图状态(作图方式)(默认 T 停止作图)。

操作步骤:自动→主运动锁定→辅助运动锁定→单段→空运行→循环启动。

> **注意**:
>
> 　　图形仿真时一定从安全角度考虑,辅助运动必须锁定。仿真完毕后,解除空运行及主、辅运动。

(3)试切对刀

对刀操作时注意退刀方向,对刀完毕后用手动方式验证对刀的准确性。

(4)自动加工

操作步骤:自动方式下,①首件全程单段;②快速倍率最小 F0,防止撞刀;③主界面:既有程序,又有坐标的界面。位置—翻页—翻页。

(5)检测

加工后用量具检测各部分尺寸,合格后切断工件。

(二)在数控车床上加工图 1.4.15 所示圆锥螺纹。螺距:$P = 1.5$ mm,工件材料为 $\phi 25$ mm×100 mm 的钢料,试编程加工。

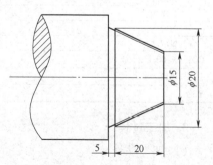

图 1.4.15　圆锥螺纹

1. 工艺分析

(1)工、夹、量、刀具选择(见表 1.4.16)。

①工、夹具选择。将毛坯装夹在三爪自定心卡盘上,划线盘找正。

②量具选择。选用 25~50 mm 外螺纹千分尺、0~150 mm 游标卡尺。

③刀具选择。选择 60°硬质合金外螺纹刀,安装在 1 号刀位。

表 1.4.16　工、夹、量、刃具一览表

分类	名称	规格	精度	单位	数量	备注
夹具	三爪自定心卡盘			个	1	
工具	卡盘扳手			副	1	
	刀架扳手			副	1	
	垫刀片			块	若干	
	划线盘			个	1	
量具	游标卡尺	0~150 mm	0.02 mm	把	1	
	外螺纹千分尺	25~50 mm	0.01 mm	把	1	
刀具	外螺纹车刀	60°		把	1	

(2)制订加工工艺方案

选用 T1　60°外螺纹车刀,用 G92 粗、精加工外圆锥螺纹,具体见表 1.4.17。

表 1.4.17　机械零件加工工艺

工步号	工步内容	刀具号	切削用量		
			a_p/mm	F/(mm·r^{-1})	n/(r·min^{-1})
1	G92 加工外圆锥螺纹	T01	逐层递减	2	500

2. 参考程序

选取右端面与工件轴线交点作为工件坐标原点,编写程序见表 1.4.18。

表 1.4.18　圆锥螺纹加工程序

程　　序	说　　明
O0406;	程序名
G0 G40 G97 G99 M03 S500 T0101;	程序初始段状态
X25.0 Z5.0;	快速到达循环起点
G92　X19.6 Z-20.0 R-2.5 F1.5;	G92 螺纹循环
X19.4;	模态指
X19.0;	令继续
X18.6;	进行循
X18.2;	环加工
X18.0;	2~8 次
X17.9;	
X17.8;	
G00　X100.0 Z100.0;	快速返回到起刀点
T0100 M05;	取消刀补,主轴停转
M30;	程序结束,光标返回开始处

3. 加工过程

(1)加工准备

装夹毛坯,用三爪自定心卡盘装夹牢固,伸出长度为 50 mm 左右。检查机床状态,开机回零。装夹刀具,将 60°硬质合金外螺纹车刀安装在 1 号刀位上,其伸出长度合适,刀尖与工件中心等高,装夹牢固后,将程序输入机床。

(2)程序校验

打开输入的程序,进行图形仿真。

①设置参数。

操作步骤:录入→设置→移动箭头↓调整 X、Z 最大与最小值。

②图形仿真。

首先刀补清零,将 S 置于作图状态(作图方式)(默认 T 停止作图)。

操作步骤:自动→主运动锁定→辅助运动锁定→单段→空运行→循环启动。

注意:

> 图形仿真时从安全角度考虑,辅助运动必须锁定。仿真完毕后,解除空运行及主、辅运动。

(3)试切对刀

对刀操作时注意退刀方向,对刀完毕后用手动方式验证对刀的准确性。

(4)自动加工

操作步骤:自动方式下,①首件全程单段;②快速倍率最小 F0,防止撞刀;③主界面:既有程序,又有坐标的界面。

(5)检测

加工后用量具检测各部分尺寸,合格后切断工件。

4. 注意事项

(1)粗加工后要测量外圆锥螺纹尺寸,尺寸变大或变小时,应调整刀补参数。如果变大了,要在其刀号下输入"U-"及变大数值,反之要输入"U+"及变化数值。严格控制尺寸。

(2)图形仿真时应注意安全,一定将主运动锁定,辅助运动锁定,仿真后要取消锁定。一定要解除空运行,否则由于实际加工速率太快,会发生撞车事故。

(3)车锥面时刀尖一定要与工件轴线等高,否则车出工件圆锥素线不直,呈双曲线。

 思考与练习

一、问答题

1. 简述 G32、G92 指令格式,并说明其含义。

2. 试述 G32、G92 指令的应用范围。

二、操作练习

根据图 1.4.16 所示外圆柱零件,毛坯为 $\phi32mm$ 棒料,材料为 45 钢。试运用本模块学习的单一固定循环指令进行编程加工。

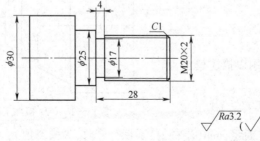

图 1.4.16　外圆柱零件

模块五 复合循环指令的应用

复合循环指令可应用于加工非一次性加工才能加工到规定尺寸的场合,如粗、精车外圆、内孔等加工。利用复合循环指令功能,只需写出最终加工路线,给出每次的背吃刀量等加工参数,数控车床可自动重复车削,直至工件达到规定尺寸要求。复合循环指令最突出的优点是可简化编程,提高效率。复合循环指令中的 G71、G72 和 G73 主要用于毛坯的粗加工,G70 用于工件的精加工,G74 和 G75 用于切槽和钻孔,G76 用于螺纹加工循环。复合循环指令的引入可简化编程和提高加工效率,在学习中应认真体会各个指令的内含。

课题一 G71、G70 指令编程及加工

学习目标

1. 掌握内、外圆粗、精车循环指令 G71、G70 的指令格式。
2. 正确理解 G71 指令段内部参数的意义,能根据加工要求合理确定各参数值。
3. 掌握 G71、G70 指令的编程方法及编程规则。
4. 根据加工要求完成工件的编程、加工。

相关知识

1. 轴向粗车复合循环指令 G71

应用范围:在轴向方向上较长外圆的加工及内孔的粗加工。

图 1.5.1 所示为 G71 指令粗加工时车刀轨迹图。

指令格式:G71　U(Δd)_R(e)_;

G71　P(ns)_Q(nf)_U(Δu)_W(Δw) F_ S_ T_;

N ns…… ;

…… ; 　（用以描述精加工轮

N nf…… ; 　廓）

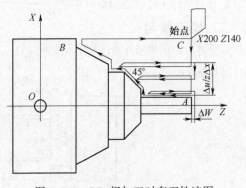

图 1.5.1　G71 粗加工时车刀轨迹图

式中:Δd——粗车时 X 向背吃刀量,mm(半径值,不带符号时,为模态值);

　　e——退刀量,mm(半径值,不带符号时,其值为模态值);

　　ns——精加工描述程序的开始循环程序段号;

　　nf——精加工描述程序的结束循环程序段号;

　　Δu——X 方向的精加工余量,mm(直径值),车削内孔时为负值(余量方向和坐标轴方向相同为正,反之为负);

　　Δw——Z 方向的精加工余量,mm(余量方向和坐标轴方向相同为正,反之为负);

　　F、S、T——粗加工循环中的进给速度、主轴转速与刀具功能。

　　Δu、Δw 的符号规定,如图 1.5.2 所示。

注意:

　　(1)循环点在 X 方向上大于外圆最大直径 2 mm 左右处(加工内孔时在小于孔径 2 mm 左右处),Z 方向上远离端面 2 mm 左右。

　　(2)G71 适应于零件轮廓尺寸 X 轴、Z 轴方向上同时单调增大或单调减小。

　　(3)ns 行程序中只能出现 G00 或 G01 指令下的 X(U)指令,不能出现 Z(W)指令字,否则机床将会报警。

　　(4)ns 和 nf 中间不允许调用子程序。

　　(5)$ns\sim nf$ 程序段中的 F、S、T 功能,即使被指定也对粗车无效。

　　(6)粗车循环过程中,刀尖半径补偿无效。

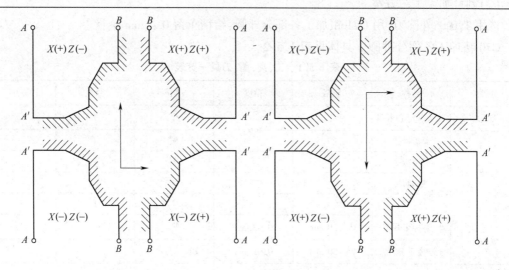

图 1.5.2　Δu、Δw 符号规定

2. 精车循环指令 G70

　　指令格式:G70　P(ns)_Q(nf)_

式中:ns——精加工描述程序的开始循环程序段号;

　　　nf——精加工描述程序的结束循环程序段号。

　　刀具从起点位置沿着 $ns\rightarrow nf$ 程序段给出的精加工程序进行精加工,G70 为精车指令,与 G71、G72、G73 配合使用。

> **注意**:
>
> G70 精车循环时,要注意其快速退刀路线,防止工件与刀具碰撞(循环点或起刀点 X 方向轴类零件大于外圆最大直径 2 mm 左右,孔类零件小于内孔直径 2 mm 左右,Z 方向远离端面 2 mm 左右)。

 操作实训

在数控车床上加工图 1.5.3 所示台阶轴,工件材料为 $\phi50$ mm×100 mm 的钢料,试编程加工。

1. 工艺分析

(1)工、夹、量、刀具选择(见表 1.5.1)

①工、夹具选择。将毛坯装夹在三爪自定心卡盘上,划线盘找正。

②量具选择。选用 25~50 mm 外径千分尺、0~150 mm 游标卡尺。

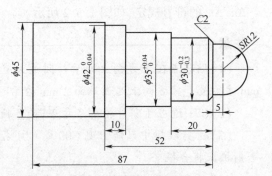

图 1.5.3　台阶轴

③刀具选择。选择 90°硬质合金外圆刀,安装在 1 号刀位。

(2)制订加工工艺方案

选用 T 1 90°外圆刀,用 G71 粗加工各部分外圆,给精车留 0.4 mm 余量。

G70 精加工各部分外圆。具体见表 1.5.2。

表 1.5.1　工、夹、量、刀具一览表

分类	名称	规格	精度	单位	数量	备注
夹具	三爪自定心卡盘			个	1	
工具	卡盘扳手			副	1	
	刀架扳手			副	1	
	垫刀片			块	若干	
	划线盘			个	1	
量具	游标卡尺	0~150 mm	0.02 mm	把	1	
	外径千分尺	25~50 mm	0.01 mm	把	1	
刀具	外圆车刀	90°		把	1	

表 1.5.2　机械零件加工工艺

工步号	工步内容	刀具号	切削用量		
			a_p/mm	$F/(\text{mm} \cdot \text{r}^{-1})$	$n/(\text{r} \cdot \text{min}^{-1})$
1	G71 粗车各部外圆	T01	2.0	0.2	500
2	G70 精车各部外圆	T01	0.2	0.1	800

2. 参考程序

选取右端面与工件轴线交点作为工件坐标原点,编写程序见表1.5.3。

表1.5.3　台阶轴加工程序

程　序	说　明
O0501;	程序名
N1;	粗加工
G0 G40 G97 G99 M03 S1 T0101 F0.2;	程序初始段状态
Z2;	快速定位
X52.	快速定位
G71　U2.0 R1.0;	G71粗车,背吃刀量为2.0 mm,退刀量1 mm
G71 P10 Q20 U0.4 W0.1;	X 向余量0.4 mm, Z 向余量0.1 mm
N10 G42 G0 X0;	快速定位
G01 Z0;	直线进给
G03 X24. W-12. R12;	G03圆弧进给
G01X32. W-10;	直线进给
W-20;	直线进给
X42;	直线进给
X46. W-2;	直线进给
Z-42;	直线进给
N20G40 X52;	直线进给
G0 X100;	快速定位
Z100;	快速定位
M05 T0100;	主轴停转,取消刀补
M00;	程序暂停
N2;	精加工
G0 G40 G97 G99 M03 S1 T0101 F0.1;	程序初始段状态
Z2;	快速定位
X52;	快速定位
G70 P10 Q20;	G70精车
G0X100;	快速定位
Z100;	快速定位
T0100 M05;	主轴停转,取消刀补
M30;	程序结束,光标返回开始处

3. 加工过程

(1)加工准备

装夹毛坯,用三爪自定心卡盘装夹牢固,伸出长度为95 mm左右。检查机床状态,开机回零。装夹刀具,90°硬质合金外圆刀安装在1号刀位上,其伸出长度合适,刀尖与工件中心等高,装夹牢固后,将程序输入机床。

（2）程序校验

打开输入的程序，进行图形仿真。

①设置参数。

操作步骤：录入→设置→移动箭头⇩调整 X、Z 最大与最小值。

②图形仿真。

首先刀补清零，将 S 置于作图状态（作图方式）（默认 T 停止作图）。

操作步骤：自动→主运动锁定→辅助运动锁定→单段→空运行→循环启动。

注意：

　　图形仿真时从安全角度考虑，辅助运动必须锁定。仿真完毕后，解除空运行及主、辅运动。

（3）试切对刀

对刀操作时注意退刀方向，对刀完毕后用手动方式验证对刀的准确性。

（4）自动加工

操作步骤：自动方式下，①首件全程单段；②快速倍率最小 F0，防止撞刀；③主界面：既有程序，又有坐标的界面。

（5）检测

加工后用量具检测各部分尺寸，合格后切断工件。

4. 注意事项

（1）粗加工后要测量外径尺寸，尺寸变大或变小时，应调整刀补参数。如果变大了，要在其刀号下输入"U"及变大数值，反之要输入"U+"及变化数值。严格控制尺寸。

（2）图形仿真时应注意安全，一定要将主运动锁定，辅助运动锁定，仿真后要取消锁定。一定要解除空运行，否则由于实际加工速率太快，会发生撞车事故。

 思考与练习

一、问答题

1. 简述 G71 指令格式，并说明其含义。

2. 试述 G71 指令的应用范围。

二、操作练习

图 1.5.3 所示为台阶轴工件，毛坯为 φ50 mm×100 mm 的钢料，试编程加工。

课题二　台阶轴工件 G72、G70 指令编程及加工

 学习目标

1. 掌握端面粗、精车循环指令 G72、G70 的指令格式。

2. 正确理解 G72 指令段内部参数的意义，能根据加工要求合理确定各参数值。

3. 掌握 G72、G70 指令的编程方法及编程规则。

4. 根据加工要求完成工件的编程加工。

 相关知识

应用范围:适用于 Z 向余量小,X 向余量大的粗加工场合,如图 1.5.4 所示。

指令格式:G72 W(Δd)_R(e) _;

G72 P(ns)_Q(nf)_U(Δu)_W(Δw)_F_ S_ T_;

$$\left. \begin{array}{l} N \ \underline{ns}……; \\ ……; \\ N \ nf……; \end{array} \right\} (用以描述精加工轨迹)$$

式中:Δd——Z 向背吃刀量,不带符号,且为模态值;

其余同 G71 指令中的参数。

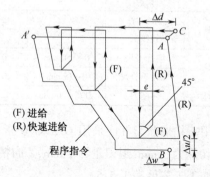

图 1.5.4 G72 粗车路线图

> **注意:**
>
> (1)循环点在 X 方向上大于外圆最大直径 2 mm 左右(内孔小于孔径 2 mm 左右),Z 方向上远离端面 2 mm 左右。
>
> (2)G72 适应于零件轮廓尺寸 X 轴、Z 轴方向上同时单调增大或单调减小。
>
> (3)ns 行程序中只能出现 G00 或 G01 指令下 Z(W)的指令,不能出现 X(U)指令字,否则机床报警。
>
> (4)ns 和 nf 中间不允许调用子程序。
>
> (5)粗车循环过程中,刀尖半径补偿无效。
>
> (6)ns~nf 程序段中的 F、S、T 功能,即使被指定对粗车无效。

 操作实训

试编程加工图 1.5.5 所示工件,毛坯尺寸 φ25mm。

1. 工艺分析

(1)工、夹、量、刀具选择(见表 1.5.4)

①工、夹具选择。将毛坯装夹在三爪自定心卡盘上,划线盘找正。

②量具选择。选用 0 ~ 25 mm 外径千分尺、0 ~ 150 mm 游标卡尺。

③刀具选择。切槽刀安装在 1 号刀位(假定刀宽 3.6 mm,实际加工时按实测数据)。

(2)制订加工工艺方案

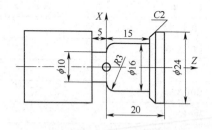

图 1.5.5 G72 加工实例

表 1.5.4 工、夹、量、刀具一览表

分类	名称	规格	精度	单位	数量	备注
夹具	三爪自定心卡盘			个	1	

分类	名称	规格	精度	单位	数量	备注
工具	卡盘扳手			副	1	
	刀架扳手			副	1	
工具	垫刀片			块	若干	
	划线盘			个	1	
量具	游标卡尺	0~150 mm	0.02 mm	把	1	
	外径千分尺	0~25 mm	0.01 mm	把	1	
刀具	切槽刀	刀宽 3.6 mm		把	1	右刀尖为刀位点

　　用一把切断刀 T1,采用 G72、G70 指令编程加工。切断刀刀宽 3.6 mm(右刀尖为刀位点),切深为 3 mm,退刀量为 1 mm,X 向精加工余量为 0.5 mm,Z 向余量 0.1 mm。分粗、精加工。加工工艺见表 1.5.5。

表 1.5.5　机械零件加工工艺

工步号	工步内容	刀具号	切削用量		
			a_p/mm	F/(mm·r⁻¹)	n/(r·min⁻¹)
1	G72 粗车各部分外圆	T01	3.0	0.1	300
2	G70 精车各部分外圆	T01	0.25	0.1	500

2. 编写程序

　　选取距离右端面 20 mm 并在工件轴线上的一点作为工件坐标原点,见表 1.5.6。

表 1.5.6　G72 加工实例程序

程　　序	说　　明
O0502;	程序名
N1;	粗加工
G99 G97 M03 S1 T0101 F0.1;	程序初始段状态
G0 X26;	快速定位
Z0;	快速定位
G01 X10;	直线进给
G04 X3.0;	暂停
G01 X26;	直线进给
W-1.4;	直线进给
X10;	直线进给
X26;	直线进给
G0 Z0;	快速定位
G72 W3 R1;	G72 粗车,背吃刀量 3.0 mm,退刀量 1 mm
G72 P10 Q20 U0.5 W-0.1;	X 向余量 0.5 mm,Z 向余量 0.1 mm
N10 G0 Z20;	快速定位
G01 X24;	直线进给

程　　序	说　　明
Z13;	直线进给
X20 Z15;	直线进给
Z3;	直线进给
G03 X10 Z0 R3;	G03 圆弧进给
N20 G01 Z-1.4;	直线进给
G0 X100;	快速定位
Z100;	快速定位
M05;	主轴停转
M0;	程序暂停
N2;	精加工
G99 G97 M03 S1 T0303 F0.1;	程序初始段状态
G0 Z0;	快速定位
X26;	快速定位
G70 P10 Q20;	G70 精车
G0 X100 Z100;	快速定位
M05;	主轴停转
M30;	程序结束,光标返回到开始处

3. 加工过程

（1）加工准备

装夹毛坯,用三爪自定心卡盘装夹牢固,伸出长度为 45 mm 左右。检查机床状态,开机回零。装夹刀具,切槽刀安装在 1 号刀位上,其伸出长度合适,刀尖与工件中心等高,装夹牢固后,将程序输入机床。

（2）程序校验

打开输入的程序,进行图形仿真。

①设置参数

操作步骤:录入→设置→移动箭头⇓调整 X、Z 最大与最小值。

②图形仿真

首先将刀补清零,在作图界面中,将 S 置于作图状态(默认 T 停止作图)。

操作步骤:自动→主运动锁定→辅助运动锁定→单段→空运行→循环启动。

─── **注意**: ───────────────────────

图形仿真时一定从安全角度考虑,辅助运动必须锁定。仿真完毕后,解除空运行及主、辅运动。

（3）试切对刀

对刀操作时注意退刀方向,对刀完毕后用手动方式验证对刀的准确性。

（4）自动加工

操作步骤：自动方式下，①首件全程单段；②快速倍率最小 F0，防止撞刀；③主界面：既有程序，又有坐标的界面。

（5）检测

加工后用量具检测各部分尺寸，合格后切断工件。

4. 注意事项

（1）G72 中 Δw 为负值，方向与坐标轴方向相反。

（2）G72 指令在使用前一定加工出退刀空间，否则将发生撞刀。

 思考与练习

一、问答题

1. 简述 G72 指令格式，并说明其含义。

2. 试述 G72 指令的应用范围。

二、操作练习

图 1.5.6 所示为 G72 指令加工实训工件，毛坯为 $\phi 25 \text{ mm} \times 100 \text{ mm}$ 的钢料，试编程加工。

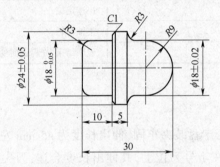

图 1.5.6　G72 指令加工实训工件

课题三　G73 指令编程及加工

 学习目标

1. 掌握 G73 的指令格式。

2. 正确理解 G73 指令段内部参数的意义，能根据加工要求合理确定各参数值。

3. 掌握 G73 指令的编程方法及编程规则。

4. 根据加工要求完成工件的编程加工。

 相关知识

应用范围：G73 适用于零件毛坯已基本成型的铸件或锻件的加工，如图 1.5.7 所示。

指令格式:G73　U(ΔI)_W(ΔK)_R(d)_;

　　　　　G73　P(ns)_Q(nf)_U(Δu)　W(Δw)　F_　S_　T_;

　　　　　N ns……;

　　　　　　……; } (用以描述精加工轨迹)

　　　　　N nf……;

ΔI——X 方向退刀距离和方向,是半径值,X 正向退刀时为正,反之为负;

ΔK——Z 方向退刀距离和方向,Z 正向退刀时为正,反之为负;

d——粗切削次数,GSK980TA 单位为千次,GSK980TD 单位为次;

ns——精车轨迹的第一个程序段的程序段号;

nf——精车轨迹的最后一个程序段的程序段号;

Δu——X 方向的精加工余量,mm;

Δw——Z 方向的精加工余量,mm;

F——切削进给速度;

S——主轴转速;

T——刀具号、刀具偏置号。

确定退离工件轮廓的距离及方向时应参考毛坯的粗加工余量大小,以使第一次走刀切削时就有合理的切削深度,计算方法如下:

$$\Delta I(X 轴退刀距离) = (X 轴粗加工余量) - (第一次切削深度)$$

$$\Delta K(Z 轴退刀距离) = (Z 轴粗加工余量) - (第一次切削深度)$$

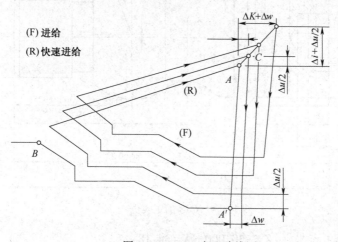

图 1.5.7　G73 走刀路线图

注意:

(1)正确选择 ΔI 及 ΔK 数值与符号。

(2)G73 程序段中,"ns"所指程序段可以向 X 轴或 Z 轴的任意方向进刀。

(3)G73 循环加工的轮廓形状,没有单调递增或单调递减形式的限制。

（4）在加工具有内凹结构的工件时，为了保证刀具后刀面在加工过程中不与工件表面发生磨擦，往往要求刀具的副偏角 K_r' 较大，由于刀具的主偏角 K_r 一般取值在 90°~93° 范围内，所以应选择刀尖角 ε_r 较小的刀具，俗称菱形刀。实际生产和实训中可根据实际选择焊接外圆车刀按加工要求磨出相应的副偏角 K_r'，也可以选择机夹外圆车刀，常用的数控机夹外圆车刀如图 1.5.8 所示，刀片的刀尖角有 80°（C 型）、55°（D 型）、35°（V 型）三种。

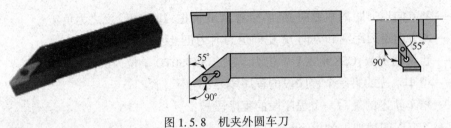

图 1.5.8　机夹外圆车刀

 操作实训

试编程加工图 1.5.9 所示工件，毛坯尺寸为 $\phi55$ mm×125 mm。

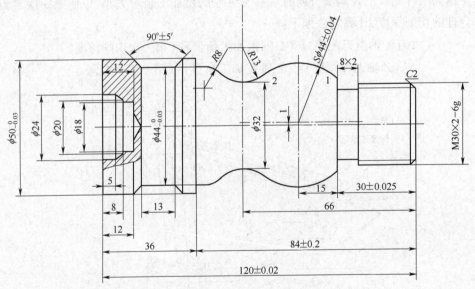

图 1.5.9　G73 加工实例

节点坐标如下，第 1 点坐标：$Z=-30.000$　$X=34.18$

第 2 点坐标：$Z=-58.200$　$X=37.2$

第 3 点坐标：$Z=-75.098$　$X=39.43$

第 4 点坐标：$Z=-80.697$　$X=44.0$

1. 工艺分析

（1）工、夹、量、刀具选择（见表 1.5.7）

①工、夹具选择。将毛坯装夹在三爪自定心卡盘上,划线盘找正。

②量具选择。选用 25～50 mm、50～75 mm 外径千分尺,0～150 mm 游标卡尺,螺纹环规,圆弧样板。

③刀具选择。93°外圆刀安装在 1 号刀位,切槽刀刀宽 4.0 mm 安装在 2 号刀位上,93°内孔刀安装在 3 号刀位上,螺纹刀安装在 4 号刀位上。

表 1.5.7　工、夹、量、刀具一览表

分类	名称	规格	精度	单位	数量	备注
夹具	三爪自定心卡盘			个	1	
工具	卡盘扳手			副	1	
	刀架扳手			副	1	
	垫刀片			块	若干	
	划线盘			个	1	
量具	游标卡尺	0～150 mm	0.02 mm	把	1	
	外径千分尺	25～50 mm	0.01 mm	把	1	
		50～75 mm	0.01 mm	把	1	
	螺纹环规	M30×2	IT6	套	1	
	圆弧样板	$R8$、$R13$、$R22$		套	1	
刀具	外圆刀	93°		把	1	
	切槽刀	刀宽 4.0 mm		把	1	左刀尖为刀位点
	内孔刀	93°		把	1	
	螺纹刀			把	1	

(2)制订加工工艺方案(见表 1.5.8)

表 1.5.8　机械零件加工工艺

工步号	工步内容	刀具号	切削用量		
			a_p/mm	F/(mm·r^{-1})	n/(r·min^{-1})
1	G90 粗车左端外圆	T01	2.25	0.2	500
2	G01 精车左端外圆	T01	0.25	0.1	800
3	车左端外槽	T02		0.1	500
4	G71 粗车左端内孔	T03	1.5	0.2	500
5	G70 精车左端内孔	T03	0.25	0.1	800
6	调头 G73 粗车右端外圆	T01	1.0	0.2	500
7	G70 精车右端外圆	T01	0.25	0.1	800
8	车螺纹退刀槽	T02		0.1	500
9	G92 车螺纹	T04		2.0	500

2. 编写程序

G73 加工实例程序见表 1.5.9。

表 1.5.9　G73 加工实例程序

程　序	说　明
O0503;	程序名
N1;	车削左端外圆

程　　序	说　　明
G99 M03 S500 T0101 F0. 2；	程序初始段状态
G0 X54. 0 Z2. 0；	快速定位
G90 X50. 5 Z-40. 0；	G90 粗车外圆
G99 M03 S800 T0101 F0. 1；	设定精车外圆加工参数
G0 G42 X50. 0；	圆弧半径右补偿快速移动到起刀点
G01 Z-40. 0；	G01 进给
G40 X52. 0；	取消半径补偿
G0 X100. 0 Z100. 0；	快速回到换刀点
M05；	主轴停转
M0；	程序暂停
N2；	车削左端外槽
G99 M03 S500 T0202 F0. 1；	程序初始段状态
G0 X52. 0；	快速定位
Z-28. 0；	快速定位
G01 X44. 0；	直线进给
X52. 0；	退刀
W4. 0；	进刀 4. 0 mm
G01 X44. 0；	直线进给
X52. 0；	退刀
W4. 0；	进刀 4. 0 mm
G01 X44. 0；	直线进给
X52. 0；	退刀
W1. 0；	进刀 1. 0 mm
X44. 0；	直线进给
X52. 0；	退刀
Z-16. 0；	定位
G01 X50. 0；	直线进给
X44. 0 Z-19. 0；	倒角
Z-28. 0；	直线进给
X52. 0；	退刀
W-3. 0；	定位
X50. 0；	直线进给
X44. 0 W3. 0；	倒角
X52. 0；	退刀
G0 X100. 0 Z100. 0；	快速退回换刀点
M05；	主轴停转

程 序	说 明
M0；	程序暂停
N3；	加工内孔
G99 M03 S500 T0303 F0.1；	程序初始化
G0 X14.0 Z2.0；	快速定位
G71 U1.5 R0.5；	G71 粗车背吃刀量 1.5 mm，退刀 0.5 mm
G71 P10 Q20 U-0.5 W0；	X 向精车余量 0.5 mm
N10 G0 G41 X24.0；	快速移动到起刀点，左补偿
G01Z-5.0；	直线进给
X20.0 Z-8.0；	加工圆锥
X18.0；	直线进给
Z-12.0；	直线进给
N20 G40 X16.0；	退刀，取消半径补偿
G0 X100.0 Z100.0；	退回到换刀点
G99 M03 S800 T0303 F0.1；	设定精车内孔加工参数
G0 X14.0 Z2.0；	快速移动到循环点
G70 P10 Q20；	精车内孔
G0 X100.0 Z100.0；	退回到换刀点
M05；	主轴停转
M0；	程序暂停
N4；	调头加工右端外圆
G99 M03 S500 T0101 F0.2；	程序初始化
G0 X54.0 Z2.0；	快速到循环点
G73 U10.0 W0.1 R10；	G73 粗车外圆 X 向退刀 10.0 mm，Z 向退刀 0.1 mm，粗车 10 次
G73 P30 Q40 U0.5 W0.1	X 向精车余量 0.5 mm，Z 向精车余量 0.1 mm
N30 G0 G42 X26.0；	快速到起刀点，圆弧右补偿
G01 Z0；	直线进给
X30.0 Z-2.0；	直线进给
Z-30.0；	直线进给
X34.186；	直线进给
G03 X37.2 Z-58.2 R22.0；	G03 圆弧进给
G02 X39.428 Z-75.098 R13.0；	G02 圆弧进给
G03 X44.0 Z-80.697 R8.0；	G03 圆弧进给
G01 Z-84.0；	直线进给
N40 G01 X51.0；	取消圆弧半径补偿
G0 X100.0 Z100.0；	退回到换刀点
M05；	主轴停转

程　序	说　明
M0;	程序暂停
G99 M03 S800 T0101 F0.1;	设定精车外圆加工参数
G0 X54.0 Z2.0;	快速定位到循环点
G70 P30 Q40;	G70 精车外圆
G0 X100.0 Z100.0;	快速退回换刀点
M05;	主轴停转
M0;	程序暂停
G99 M03 S500 T0202 F0.1;	设定螺纹退刀槽加工参数
G0 X40.0 Z−30.0;	快速定位
G01 X26.0;	直线进给
X40.0;	退刀
W4.0;	定位
X26.0;	直线进给
G04 X2.0;	进给暂停
G01 W−4.0;	直线进给
X40.0;	退刀
G0 X100.0 Z100.0;	快速退回换刀点
M05;	主轴停转
M0;	程序暂停
N5;	加工螺纹
G99 M03 S500 T0404;	设定加工螺纹参数
G0 X32.0 Z3.0;	快速定位循环点
G92 X29.1 Z−23.0 F2.0;	G92 加工螺纹
/X28.5;	G92 加工螺纹
/X28.0;	G92 加工螺纹
/X27.6;	G92 加工螺纹
/X27.5;	G92 加工螺纹
/X27.4;	G92 加工螺纹
/X27.4;	G92 加工螺纹
G0 X100.0 Z100.0;	快速退回到换刀点
M05;	主轴停转
M30;	程序结束,光标返回开始处

3. 加工过程

(1)加工准备

装夹毛坯,用三爪自定心卡盘装夹牢固,伸出长度为 55 mm 左右。检查机床状态,开机回零。装夹刀具,使其伸出长度合适,刀尖与工件中心等高,装夹牢固后,将程序输入机床。

(2)程序校验

打开输入的程序,进行图形仿真。

①设置参数。

操作步骤:录入→设置→移动箭头⇩调整 X、Z 最大与最小值。

②图形仿真。

首先将刀补清零,在作图平面中将 S 置于作图状态(默认 T 停止作图)。

操作步骤:自动→主运动锁定→辅助运动锁定→单段→空运行→循环启动。

注意:

　　图形仿真时从安全角度考虑,辅助运动必须锁定。仿真完毕后,解除空运行及主、辅运动。

(3)试切对刀

对刀操作时注意退刀方向,对刀完毕后用手动方式验证对刀的准确性。

(4)自动加工

操作步骤:自动方式下:①首件全程单段;②快速倍率最小 F0,防止撞刀;③主界面:既有程序,又有坐标的界面。

(5)检测

加工后用量具检测各部分尺寸,合格后取下工件。

4. 注意事项

(1)编程时节点坐标要准确,可以计算求得,也可以用作图法求得。

(2)G73 退刀距离大小要适当,否则易发生事故或使空行程过大。

 思考与练习

一、问答题

1. 简述 G73 指令格式,并说明其含义。

2. 试述 G73 指令的应用范围。

二、操作练习

试编程加工图 1.5.10 所示工件。工件毛坯尺寸:$\phi50$ mm×125 mm。

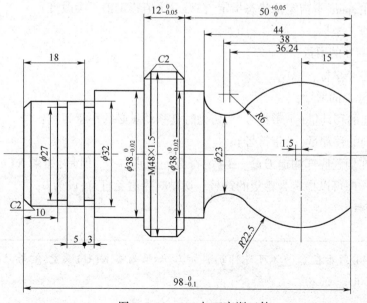

图 1.5.10　G73 加工实训工件

课题四 G74 指令编程及加工

 学习目标

1. 掌握 G74 的指令格式。
2. 正确理解 G74 指令段内部参数的意义,能根据加工要求合理确定各参数值。
3. 掌握 G74 指令的编程方法及编程规则。
4. 根据加工要求完成工件的编程加工。

 相关知识

应用范围:轴向端面槽及中心深孔的加工,如图 1.5.11 所示。

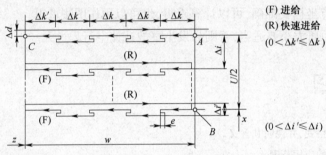

图 1.5.11 G74 走刀路线

指令格式:G74 R(e)_;

  G74 X(u)_Z(w)_P(Δi)_Q(Δk)_R(Δd)_F(f)_;

式中:e——后退量,mm,本指定是状态指定,在另一个值指定前不会改变;

 x——B 点的 X 坐标;

 u——从 A 至 B 的增量;

 z——C 点的 Z 坐标;

 w——从 A 至 C 的增量;

 Δi——X 方向的移动量(不带符号),切槽时其移动量必须小于刀宽;

 Δk——Z 方向的移动量(不带符号);

 Δd——刀具在切削底部的退刀量。Δd 的符号一定是"+"。但是,如果 X(u) 及 Δl 省略,
  退刀方向可以指定为希望的符号。切槽时为避免打刀,设为 0;

 f—— 进给率。

注意:

 如图 1.5.11 所示在本循环可进行断削加工,如果省略 X(U) 及 P,结果只在 Z 轴方向
操作,常用于钻孔。

操作实训

试编程加工图 1.5.12 所示工件。

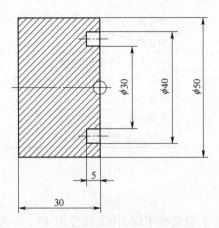

图 1.5.12　G74 加工实例

1. 工艺分析

（1）工、夹、量、刀具选择（见表 1.5.10）

①工、夹具选择。将毛坯装夹在三爪自定心卡盘上，划线盘找正。

②量具选择。选用 0~150 mm 游标卡尺。

③刀具选择。切槽刀刀宽 3.0 mm 安装在 1 号刀位上。

表 1.5.10　工、夹、量、刀具一览表

分类	名称	规格	精度	单位	数量	备注
夹具	三爪自定心卡盘			个	1	
工具	卡盘扳手			副	1	
	刀架扳手			副	1	
	垫刀片			块	若干	
	划线盘			个	1	
量具	游标卡尺	0~150 mm	0.02 mm	把	1	
刀具	切槽刀	刀宽 3.0 mm		把	1	左刀尖为刀位点

（2）制订加工工艺方案（见表 1.5.11）

表 1.5.11　机械零件加工工艺

工步号	工步内容	刀具号	切削用量		
			a_p/mm	F/(mm·r^{-1})	n/(r·min^{-1})
1	G74 加工端面槽	T01	2	0.1	500

2. 编写程序(见表 1.5.12)

表 1.5.12　G74 加工实例程序

程　　序	说　　明
O0504	程序名称
G99 G97 M03 S1 T0101 F0.1	程序初始状态
G0 X36 Z2	快速定位
G74 R0.5	G74 车槽后退量 0.5 mm
G74 X30 Z-5 P2000 Q3000	车至 X30.0 Z-5.0 X 方向移动量 2.0 mm, Z 方向上移动量 3.0 mm
G0 X100.0 Z100.0	快速定位
M05	主轴停转
M30	程序结束, 光标返回开始处

3. 加工过程

(1)加工准备

装夹毛坯,用三爪自定心卡盘装夹牢固,伸出长度为 40 mm 左右。检查机床状态,开机回零。装夹刀具,其伸出长度合适,刀尖与工件中心等高,装夹牢固后,将程序输入机床。

(2)程序校验

打开输入的程序,进行图形仿真。

①设置参数。

操作步骤:录入→设置→移动箭头⇩调整 X、Z 最大与最小值。

②图形仿真。

首先刀补清零,将 S 置于作图状态(作图方式)(默认 T 停止作图)。

操作步骤:自动→主运动锁定→辅助运动锁定→单段→空运行→循环启动。

> **注意**:
>
> 　图形仿真时从安全角度考虑,辅助运动必须锁定。仿真完毕后,解除空运行及主、辅运动。

(3)试切对刀

对刀操作时注意退刀方向,对刀完毕后用手动方式验证对刀的准确性。

(4)自动加工

操作步骤:自动方式下,①首件全程单段;②快速倍率最小 F0,防止撞刀;③主界面:既有程序,又有坐标的界面。

(5)检测

加工后用量具检测各部分尺寸,合格后取下工件。

4. 注意事项

(1)G74 循环点在 X40.0 尺寸线上,因车刀为左刀位点,所以 40-2×3=36.0,即循环点为 X36.0, Z2.0。

(2)X 方向的移动量要小于刀宽取 2.0 mm。

思考与练习

一、问答题

1. 简述 G74 指令格式,并说明其含义。

2. 试述 G74 指令的应用范围。

二、操作练习

试编程加工图 1.5.13 所示工件。

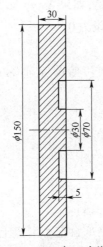

图 1.5.13　G74 加工实训工件

课题五　G75 指令编程及加工

 学习目标

1. 掌握 G75 的指令格式。

2. 正确理解 G75 指令段内部参数的意义,能根据加工要求合理确定各参数值。

3. 掌握 G75 指令的编程方法及编程规则。

4. 根据加工要求完成工件的编程加工。

 相关知识

应用范围:径向环形槽或圆柱面,如图1.5.14 所示。

指令格式:G75 R(e)_;

G75 X(u)_Z(w)_P(Δi)_Q(Δk)_R(Δd)_F(f)_

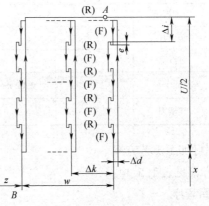

图 1.5.14　G75 走刀路线

式中:e——后退量,在另一个值指定前不会改变;

　　x——B 点的 X 坐标;

　　u——从 A 至 B 增量;

　　Z——C 点的 Z 坐标;

　　w——从 A 至 C 增量;

　　Δi——X 方向的移动量(不带符号);

　　Δk——Z 方向的移动量(不带符号),切槽时其移动量必须小于刀宽;

　　Δd——Δd 的符号一定是(+)。但是,如果 $X(u)$ 及 Δi 省略,退刀方向可以指定为希望的符号。切槽时为避免打刀,设为 0;

　　f——进给率。

在本循环可处理断削,可在 X 轴切槽及 X 轴啄式钻孔。

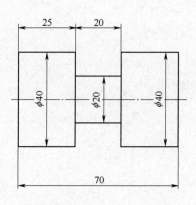

图 1.5.15　G75 加工实例

 操作实训

试编程加工图 1.5.15 所示工件。

1. 工艺分析

(1)工、夹、量、刀具选择(见表 1.5.13)

①工、卡具选择。将毛坯装夹在三爪自定心卡盘上,划线盘找正。

②量具选择。选用 0~150 mm 游标卡尺。

③刀具选择。切槽刀刀宽 3.0 mm 安装在 1 号刀位上。

表 1.5.13　工、夹、量、刀具一览表

分类	名称	规格	精度	单位	数量	备注
夹具	三爪自定心卡盘			个	1	
工具	卡盘扳手			副	1	
	刀架扳手			副	1	
	垫刀片			块	若干	
	划线盘			个	1	
量具	游标卡尺	0~150 mm	0.02 mm	把	1	
刀具	切槽刀	刀宽 3.0 mm		把	1	左刀尖为刀位点

(2)制订加工工艺方案

工艺方案见表 1.5.14。

2. 编写程序

G75 加工实例程序见表 1.5.15(左端面为工件坐标系原点)。

表 1.5.14　机械零件加工工艺

工步号	工步内容	刀具号	切削用量		
			a_p/mm	F/(mm·r^{-1})	n/(r·min^{-1})
1	G74 加工端面槽	T01	2.5	0.1	500

表 1.5.15　G75 加工实例程序

程　　　序	说　　　明
O0505;	程序名
G99 G97 M03 S1 T0101 F0.1;	程序初始状态
G0Z42;	快速定位
X42;	快速定位
G75 R1;	G75 车槽后退量 1.0 mm
G75 X2 0. Z25 P3000 Q2500 R0;	车至 X20.0 Z25.0 X 方向移动量 3.0 mm,Z 方向上移动量 2.50 mm
G0 X100.0 Z300.0;	快速定位
M05;	主轴停转
M30;	程序结束,光标返回开始处

3. 加工过程

（1）加工准备

装夹毛坯,用三爪自定心卡盘装夹牢固,伸出长度为 90 mm 左右。检查机床状态,开机回零。装夹刀具,使其伸出长度合适,刀尖与工件中心等高,装夹牢固后,将程序输入机床。

（2）程序校验

打开输入的程序,进行图形仿真。

①设置参数。

操作步骤:录入→设置→移动箭头⇩调整 X、Z 最大与最小值。

②图形仿真。

首先将刀补清零,在作界面中将 S 置于作图状态(默认 T 停止作图)。

操作步骤:自动→主运动锁定→辅助运动锁定→单段→空运行→循环启动。

注意:

　　图形仿真时一定从安全角度考虑,辅助运动必须锁定。仿真完毕后,解除空运行及主、辅运动。

（3）试切对刀

对刀操作时注意退刀方向,对刀完毕后用手动方式验证对刀的准确性。

（4）自动加工

操作步骤:自动方式下,①首件全程单段;②快速倍率最小 F0,防止撞刀;③主界面:既有程序,又有坐标的界面。

（5）检测

加工后用量具检测各部尺寸,合格后取下工件。

4. 注意事项

（1）G75 循环点在 Z45.0 尺寸线上，因车刀为左刀位点，所以 45−3＝42.0，即循环点为 X42.0，Z42.0。

（2）Z 方向的移动量要小于刀宽，取 2.5 mm。

思考与练习

一、问答题

1. 简述 G75 指令格式，并说明其含义。
2. 试述 G75 指令的应用范围。

二、操作练习

根据图 1.5.16 所示 G75 加工实训工件，试编程加工。

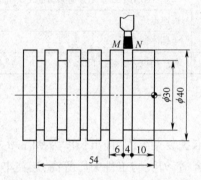

图 1.5.16　G75 加工实训工件

课题六　G76 指令编程及加工

学习目标

1. 掌握螺纹切削复合循环指令 G76 的指令格式。
2. 正确理解 G76 指令段内部参数的意义，能根据加工要求合理确定各参数值。
3. 掌握 G76 指令的编程方法及编程规则。
4. 完成工件螺纹部分加工工艺分析并编写加工程序。

相关知识

G76 应用范围：内、外螺纹复合循环加工，如图 1.5.17 所示。

指令格式：

G76 P(m)_(r)_(a)_Q(Δdmin)_R(d)_；

G76 X(u)_Z(w)_R(i)_P(k)_Q(Δd)_F(L)_；

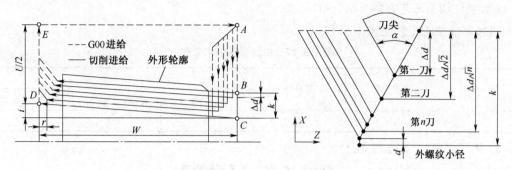

图 1.5.17　G76 走刀路线图

式中：m——精加工重复次数（2 位数）；

　　　r——斜向退刀量（2 位数）（其值为 0.1×螺纹螺距），mm；

　　　a——刀尖角度（2 位数）；

　　Δd_{min}——最小切削深度，用半径值表示，单位 μm；

　　　d——精加工余量，mm；

　　　i——螺纹部分的半径差，mm，如果 $i=0$，可作一般直线螺纹切削；

　　　k——螺纹高度，用半径值表示，μm，这个值在 X 轴方向用半径值指定；

　　Δd——第一次的切削深度（半径值）；

　　　L——螺纹导程（同 G32）。

 操作实训

试编程加工图 1.5.18 所示工件。

1. 工艺分析

（1）工、夹、量、刀具选择（见表 1.5.16）

①工、夹具选择。将毛坯装夹在三爪自定心卡盘上，划线盘找正。

②量具选择。选用 0~150 mm 游标卡尺。

③刀具选择。螺纹刀 60°安装在 1 号刀位上。

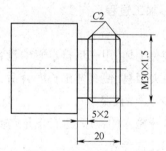

图 1.5.18　G76 加工实例

表 1.5.16　工、夹、量、刀具一览表

分类	名称	规格	精度	单位	数量	备注
夹具	三爪自定心卡盘			个	1	
工具	卡盘扳手			副	1	
	刀架扳手			副	1	
	垫刀片			块	若干	
	划线盘			个	1	
量具	螺纹环规	M30×1.5		套	1	
刀具	螺纹刀	60°		把	1	

（2）制订加工工艺方案

机械零件加工工艺见表 1.5.17。

表 1.5.17　机械零件加工工艺

工步号	工步内容	刀具号	切　削　用　量		
			a_p/mm	F/(mm·r^{-1})	n/(r·min^{-1})
1	G76	T01	0	1.5	500

2. 编写程序（见表 1.5.18）

表 1.5.18　G76 加工实例程序

程　　序	说　　明
O0506；	程序名
G0 G40 G97 G99 M03 S1 T0101 F0.15；	程序初始状态
Z2；	快速定位
X32；	快速定位
G76 P020060 Q100 R0.2；	G76 加工，精车两次，最小切削深度 0.1 mm，精车余量 0.2 mm
G76 X29.2 Z-17 R0 P974 Q800 F1.5；	加工螺纹至 X、Z 尺寸，螺纹牙高 0.974 mm，第一次车削深度 0.8 mm，导程 1.5 mm
G0 X100 Z100；	快速定位
M05；	主轴停转
M30；	程序结束，光标返回开始处

3. 加工过程

（1）加工准备

装夹毛坯，用三爪自定心卡盘装夹牢固，伸出长度为 30 mm 左右。检查机床状态，开机回零。装夹刀具，使其伸出长度合适，刀尖与工件中心等高，装夹牢固。程序输入机床。

（2）程序校验

打开输入的程序，进行图形仿真。

①设置参数。

操作步骤：录入→设置→移动箭头⇩调整 X、Z 最大与最小值。

②图形仿真。

首先刀补清零，将 S 置于作图状态（作图方式）（默认 T 停止作图）。

操作步骤：自动→主运动锁定→辅助运动锁定→单段→空运行→循环启动

注意：

　　图形仿真时从安全角度考虑，辅助运动必须锁定。仿真完毕后，解除空运行及主、辅运动。

（3）试切对刀

对刀操作时注意退刀方向，对刀完毕后用手动方式验证对刀的准确性。

（4）自动加工

操作步骤：自动方式下，①首件全程单段；②快速倍率最小 F0，防止撞刀；③主界面：既有程序，又有坐标的界面。

（5）检测

加工后用量具检测各部分尺寸，合格后取下工件。

4. 注意事项

（1）G76 不能加工端面螺纹。

（2）G76 可以在 MDI 方式下使用。

（3）在执行 G76 循环时，如按下"循环暂停"键，则刀具在螺纹切削后的程序段暂停。

（4）G76 指令为非模态指令，所以必须每次指定。

（5）在执行 G76 时，如要进行手动操作，刀具应返回到循环操作停止的位置。如果没有返回到循环停止位置就重新启动循环操作，手动操作的位移将叠加在该条程序段停止时的位置上，刀具轨迹就多移动了一个手动操作的位移量。

 思考与练习

一、问答题

1. 简述 G76 指令格式，并说明其含义。

2. 试述 G76 指令的应用范围。

二、操作练习

试编程加工图 1.5.19 所示工件，毛坯尺寸：ϕ 42 mm×55 mm。

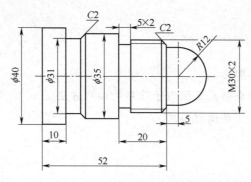

图 1.5.19　G76 加工实训工件

模块六　子程序与宏程序的应用

子程序和宏程序在特定的场合可以使编程简便，这不论从编程效率还是加工效率方面都有无比的优越性。

在实际的生产操作中，经常会碰到某一固定的加工操作重复出现，可把这部分操作编写成程序（子程序），事先存入到存储器中，根据需要随时调用，使程序编写变得简单、快捷。

利用宏程序进行复杂曲面的编程加工，可以锻炼编程能力和编程技巧，扩大编程思路，拓展知识视野。本模块从理论和实践两方面对宏程序编程加工进行介绍，从而掌握其精髓所在。FANUC 系统提供两种用户宏程序，即用户宏程序功能 A 和用户宏程序功能 B。用户宏程序功能 A 是 FANUC 系统的标准配置，任何配置的 FANUC 系统都具备此功能，广数 GSK980 系列系统都支持用户宏程序功能 A。由于用户宏程序功能 A 需要使用"G65Hm"格式的指令来表达各种数学运算和逻辑关系，极不直观，且可读性非常差，在实际工作中很少使用它。本课题以用户宏程序功能 B 为重点介绍宏程序的编程知识。

课题一　子程序编程及加工

 学习目标

1. 掌握子程序的基本概念。
2. 正确理解子程序指令格式及调用子程序的编程方法。
3. 根据加工要求完成工件编程加工。

 相关知识

程序分为主程序和子程序。通常 CNC 是按主程序的指示运动的，如果主程序中遇有调用子程序的指令，则 CNC 按子程序运动，在子程序中遇到返回主程序的指令时，CNC 便返回主程序继续执行。

1. 子程序的定义

在编制程序时，有一些固定顺序和重复模式的程序段，通常在几个程序中都会使用它，若把这个加工程序段做成固定程序，并单独加以命名，这组程序就称为子程序。

2. 子程序编程格式

子程序的格式与主程序相同，在子程序的开头，在地址 O 后写上子程序号，在子程序的结尾用 M99 指令,表示子程序结束,返回子程序。

子程序格式:O× × × ×

M99

3. 子程序的调用

在子程序中,调用子程序的指令是一个程序段,其格式随具体的数控系统而定,FANUC 数控系统常用的调用格式有以下两种。

编程格式:(1)M98　　P××××　L××××。

　　　　　(2)M98　　P O O O O ××××。

式中:M98——子程序调用字;

　　　P——子程序号;

　　　L——子程序重复调用次数,L 省略时为调用一次;

　　　P——后面前四位为重复调用次数,省略时为调用一次;后四位为子程序号。

例如:M98　P51002,表示号码为 1002 的子程序连续调用 5 次。M98　P 也可与移动指令同时存在于一个程序段中。

主程序格式:O × × × ×

M98 P × × × ×　 × × × ×

子程序调用次数　　调用的子程序名

M30;

4. 子程序的嵌套

为了进一步简化程序,可以让子程序调用另一个子程序,称为子程序的嵌套。上一级子程序与下一级子程序的关系,与主程序与第一层子程序的关系相同,如图 1.6.1 所示。

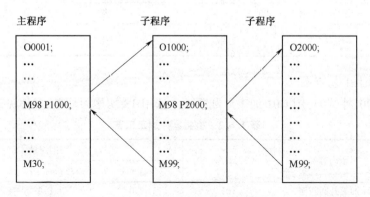

图 1.6.1　子程序的执行过程

注意：

　　子程序嵌套不是无限次的，子程序可以嵌套多少层由具体的数控系统决定，在FANUCOi 系统中，只能有两次嵌套。

 操作实训

　　如图 1.6.2 所示，毛坯直径 32 mm，长度为 80 mm，一号刀为外圆车刀，三号刀为切槽刀（左刀尖为对刀点，其刀宽为 2 mm）。

1. 工艺分析

（1）工、夹、量、刀具选择（见表1.6.1）

①工、夹具选择。将毛坯装夹在三爪自定心卡盘上，划线盘找正。

②量具选择。选用 25~50 mm 外径千分尺、0~150 mm 游标卡尺。

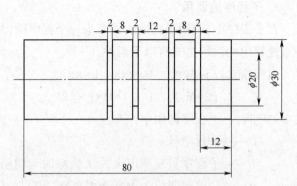

图 1.6.2　不等距槽子程序加工实例

③刀具选择。选择 90°硬质合金外圆刀，安装在 1 号刀位。切槽刀选择刀宽为2 mm的硬质合金车刀，安装在 3 号刀位。

表 1.6.1　工、夹、量、刀具一览表

分类	名称	规格	精度	单位	数量	备注
夹具	三爪自定心卡盘			个	1	
工具	卡盘扳手			副	1	
	刀架扳手			副	1	
	垫刀片			块	若干	
	划线盘			个	1	
量具	游标卡尺	0~150 mm	0.02 mm	把	1	
	外径千分尺	25~50 mm	0.01 mm	把	1	
刀具	外圆车刀	90°		把	1	
	切槽刀	刀宽为 2mm，左刀尖为刀位点		把	1	

（2）制订加工工艺方案

选用 T1　90°外圆刀，用 G01 加工外圆断面。选用 T3 切槽刀切槽，具体见表 1.6.2。

表 1.6.2　机械零件加工工艺

工步号	工步内容	刀具号	切削用量		
			a_p/mm	F/(mm·r^{-1})	n/(r·min^{-1})
1	G01 加工外圆断面	T01	2.0	0.2	800
2	用子程序功能切不等距槽	T03		0.1	400

2. 参考程序

选取右端面与工件轴线交点作为工件坐标原点,编写程序见表1.6.3。

表1.6.3 不等距槽子程序加工实例

程 序	说 明
O0601;	程序名
G00 G40 G97 G99 M03 S800 T0101 F0.2;	程序初始段状态
G00 X35.0 Z0;	快速定位
G01 X-2.0;	车平端面
G00 X30.0 Z2.0;	快速定位
G01 Z-80.0;	车外圆
G00 X100.0 Z100.0;	快速定位
G00 G40 G97 G99 M03 S400 T0303 F0.1;	程序初始段状态
G00 X32.0 Z0;	快速定位
M98 P20001;	调用程序名为0001的子程序2次
G00 X100.0 Z100.0;	快速定位
M05;	主轴停转
M30;	程序结束并返回

子程序见表1.6.4。

表1.6.4 不等距槽子程序加工实例

程 序	说 明
O0001;	程序名
G00 W-14.0;	快速定位
G01 U-12.0;	直线进给
G04 X1.0;	延时暂停
G00 U12.0;	快速定位
W-8.0;	快速定位
G01U-12.0;	直线进给
G04 X1.0;	延时暂停
G00 U12.0;	快速定位
M99;	子程序结束,返回主程序

3. 加工过程

(1)加工准备

装夹毛坯,用三爪自定心卡盘装夹牢固,伸出长度为95 mm左右。检查机床状态,开机回零。装夹刀具,90°硬质合金外圆刀安装在1号刀位上,刀宽2 mm切槽刀安装在3号刀位上。刀具伸出长度合适,刀尖与工件中心等高,装夹牢固后,将程序输入机床。

(2)程序校验

打开输入的程序,进行图形仿真。

①设置参数。

操作步骤:录入→设置→移动箭头⇩调整 X、Z 最大与最小值。

②图形仿真。

首先刀补清零,将 S 置于作图状态(作图方式)(默认 T 停止作图)。

操作步骤:自动→主运动锁定→辅助运动锁定→单段→空运行→循环启动。

> **注意**:
>
> 图形仿真时一定从安全角度考虑,辅助运动必须锁定。仿真完毕后,解除空运行及主、辅运动。

(3)试切对刀

对刀操作时注意退刀方向,对刀完毕后用手动方式验证对刀的准确性。

(4)自动加工

操作步骤:自动方式下,①首件全程单段;②快速倍率最小为 F0,防止撞刀;③主界面:既有程序,又有坐标的界面。

(5)检测

加工后用量具检测各部分尺寸,合格后切断工件。

4. 注意事项

(1)粗加工后要测量外径和槽深尺寸,尺寸变大或变小时,应调整刀补参数。如果变大了,要在其刀号下输入"U–"及变化数值,反之要输入"U+"及变化数值,严格控制尺寸。

(2)图形仿真时应注意安全,将主运动锁定,辅助运动锁定,仿真后要取消锁定。一定要解除空运行,否则实际加工由于速率太快,会发生撞车事故。

 思考与练习

一、问答题

1. 主程序和子程序之间有什么区别?

2. 写出调用子程序的编程格式。

二、操作练习

图 1.6.3 所示手柄,毛坯尺寸为 ϕ30 mm×180 mm 的钢料,试采用调用子程序编制程序加工。

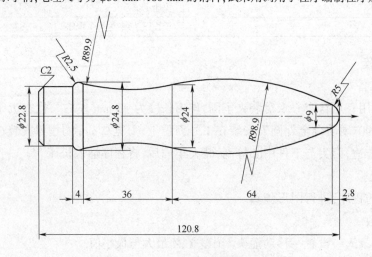

图 1.6.3 手柄子程序编程实训

课题二 宏程序编程及加工

 学习目标

1. 掌握宏程序基本概念。
2. 掌握宏程序编程及调用的方法。
3. 根据加工要求完成工件宏程序编程加工。

 相关知识

1. 宏程序的基本概念

(1) 宏程序的定义

宏程序是一组以子程序的形式存储并带有变量的程序称为用户宏程序,简称宏程序;调用宏程序的指令称为"用户宏程序指令"或"宏程序调用指令(简称宏指令)"。

宏程序与普通程序相比较,普通程序的程序字为常量,一个程序只能描述一个几何形状,所以缺乏灵活性和适用性。而在用户宏程序的本体中,可以使用变量进行编程,还可以用宏指令对这些变量进行赋值、运算等处理。通过使用宏程序能执行一些有规律的变化(如非圆二次曲线轮廓)的动作。

宏程序分 A 类和 B 类两种,FANUC-Oi 系统采用 B 类宏程序进行编程。

(2) 宏程序中的变量

在常规的主程序和子程序内,总是将一个具体的数值赋给一个地址,为了使程序更加具有通用性、灵活性,故在宏程序中设置了变量。

①变量的表示。一个变量由符号"#"和变量序号组成,如:#I(I = 1,2,3,…)。此外,变量还可以用表达式进行表示,但其表达式必须全部写入方括号"[ ]"中。

例:#100,#500,#5,#[#1+#2+10];

②变量的引用。将跟随在地址符后的数值用变量来代替的过程称为引用变量。同样,引用变量也可以采用表达式。

例 G01 X#100 Y-#101 F[#101+#103];

当#100 = 100.0、#101 = 50.0、#103 = 80.0 时,上例即表示为 G01 X100.0 Y-50.0 F130;

③变量的种类。变量分为局部变量、公共变量(全局变量)和系统变量三种。在 A、B 类宏程序中,其分类均相同。

局部变量(#1~#33)是在宏程序中局部使用的变量。当宏程序 C 调用宏程序 D 而且都有变量#1 时,由于变量#1 服务于不同的局部,所以 C 中的#1 与 D 中的#1 不是同一个变量,因此可以赋予不同的值,且互不影响。

公共变量(#100~#149、#500~#549)贯穿于整个程序过程。同样,当宏程序 C 调用宏程序 D 而且都有变量#100 时,由于#100 是全局变量,所以 C 中的#100 与 D 中的#100 是同一个变量。实际加工时,常采用公共变量进行编程。

系统变量是指有固定用途的变量,它的值决定系统的状态。系统变量包括刀具偏置值变量、接口输入与接口输出信号变量及位置信号变量等。

2. 宏程序编程

(1)变量的赋值

变量的赋值方法有两种,即直接赋值和引数赋值,其中直接赋值的方法较为直观、方便,其书写格式如下:

#100=100.0;

#101=30.0+20.0;

(2)宏程序运算指令

宏程序的运算类似于数学运算,用各种数学符号来表示,常用运算指令见表1.6.5。

表 1.6.5　变量的各种运算

功　能	格式	备注与具体示例
定义、转换	#i=#j	#100=#1,#100=30.0
加法	#i=#j+#k	#100=#1+#2
减法	#i=#j-#k	#100=100.0-#2
乘法	#i=#j＊#k	#100=#1＊#2
除法	#i=#j/#k	#100=#1/30
正弦	#i=SIN[#j]	
反正弦	#i=ASIN[#j]	
余弦	#i=COS[#j]	#100=SIN[#1]
反余弦	#i=ACOS[#j]	#100=COS[36.3+#2]
正切	#i=TAN[#j]	#100=ATAN[#1]/[#2]
反正切	#i=ATAN[#j]/[#k]	
平方根	#i=SQRT[#j]	
绝对值	#i=ABS[#j]	
舍入	#i=ROUND[#j]	#100=SQRT[#1＊#1-100]
上取整	#i=FIX[#j]	#100=EXP[#1]
下取整	#i=FUP[#j]	
自然对数	#i=LN[#j]	
指数函数	#i=EXP[#j]	
或	#i=#j OR #k	
异或	#i=#j XOR #k	逻辑运算一位一位地按二进制执行
与	#i=#j AND #k	

宏程序计算说明如下:

①函数 sin、cos 等的角度单位是度,分和秒要换算成度,并用小数表示。如 90°30′表示为90.5°,而 30°18′表示为 30.3°。

②宏程序数学计算的次序依次为:函数运算(SIN、COS、ATAN 等),乘和除运算(* 、/、AND 等),加和减运算(+、-、OR、XOR 等)。

③函数中的括号。括号用于改变运算次序,函数中的括号允许嵌套使用,但最多只允许嵌套 5 级。

【例】 #1= SIN[[[#2+#3] *4+#5]/#6];

(3)宏程序转移指令

控制指令起到控制程序流向的作用。

①分支语句。

格式一:GOTO n;

【例】 GOTO 1000;

无条件转移语句:当执行该程序时,无条件转移到 N1000 程序段执行。

格式二:IF[条件表达式]GOTO n;

【例】 IF[#1GT#100] GOTO 1000;

有条件转移语句,如果条件成立,则转到 N 程序段执行,如果条件不成立,则执行下一句程序。条件式的种类见表 1.6.6。

表 1.6.6 表达式种类

条件式	意 义	具体示例
#i EQ #j	等于(=)	IF[#5EQ#6]GOTO100
#i NE #j	不等于(≠)	IF[#5NE100]GOTO100
#i GT #j	大于(>)	IF[#5GT#6]GOTO100
#i GE #j	大于或等于(≥)	IF[#5GE100]GOTO100
#i LT #j	小于(<)	IF[#5LT#6]GOTO100
#i LE #j	小于或等于(≤)	IF[#5LE100]GOTO100

②循环指令。

WHILE[条件式] DO m($m=1、2、3\cdots$);

……

END m;

当条件式满足时,就循环执行 WHILE 与 END 之间的程序段 m 次,当条件不满足时,就执行"END m";的下一个程序段。

 操作实训

1. 轴类零件的加工

图 1.6.4 所示为轴类零件。该系列零件的右端面半球球径可取 $R15$ mm 和 $R10$ mm,可将球径用变量表示。编程零点设在工件右端面中心,棒料 $\phi45$ mm。

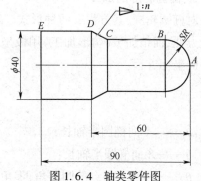

图 1.6.4 轴类零件图

从图中可以看出,编程所需节点,除 A、D、E 三点外,B、C 点均与球径 R 有关。各节点坐标见表 1.6.7。

表 1.6.7　节点坐标

编号	坐 标 值	
	X	Z
A	0	0
B	2R	−R
C	2R	−[60−2×(20−R)]=−20−2R
D	40	−60
E	40	−90

轴类零件加工程序见表 1.6.8。

表 1.6.8　轴类零件的加工程序

程 序	说 明
O0901;	程序名
G0 G40 G97 G99 M03 S1 T0101 F0.2;	程序初始段状态
X45 Z2;	快速定位
#1=15;	圆弧半径
G71 U2 R1;	背吃刀量 2.0 mm 退刀量 1.0 mm
G71 P10 Q20 U0.5 W0.2;	X 方向精车余量 0.5 mm,Z 向精车余量 0.2 mm
N10 G0 X0;	快速定位
G01 Z0;	直线进给
G3 X[2 * #1] Z−#1 R#1 F0.15;	G03 圆弧进给
G1 Z[−20−2 * #1];	直线进给
X40 Z−60;	直线进给
Z−100;	直线进给
N20　X45;	直线进给
G70 P10 Q20;	G70 精车
G0 X200 Z200;	快速定位
M05;	主轴停转
M30;	程序结束,光标返回开始处

2. 椭圆轮廓的加工

对椭圆轮廓,其方程有两种形式。对粗加工,采用 G71/G72 走刀方式时,用直角坐标方程比较方便;而精加工(仿形加工)用极坐标方程比较方便。

极坐标方程:

$$\begin{cases} x = 2a \cdot \sin\theta \\ z = b \cdot \cos\theta \end{cases}$$

式中:a —— X 向椭圆半轴长;

b —— Z 向椭圆半轴长;

θ —— 椭圆上某点的圆心角,零角度在 Z 轴正向。

直角坐标方程：

$$\frac{x^2}{4a^2} + \frac{z^2}{b^2} = 1$$

$$z = b \cdot \sqrt{1 - \frac{x^2}{4a^2}}$$

加工图 1.6.5 所示椭圆轴的椭圆轮廓，毛坯为 ϕ45 mm 棒料，编程零点在工件右端面。

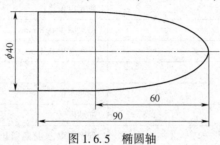

图 1.6.5 椭圆轴

程序见表 1.6.9 椭圆轴加工程序：

表 1.6.9 椭圆轴加工程序

程 序	说 明
O0902；	程序名
G0 G40 G97 G99 M03 S1 T0101 F0.2；	程序初始段状态
X41 Z2；	快速定位
G1 Z−100；	直线进给
G0 X42；Z2；	快速定位
#3＝35；	X 初始值（直径值）
WHILE［ #3 GE 0］DO1；	粗加工控制
#1＝20＊20＊4；	$4a^2$ 表达式
#2＝60；	b 的赋值
#4＝#2＊SQRT［1−#3＊#3/#1］；	曲线上 Z 坐标表达式
G0 X［#3+1］；	进刀
G1 Z［#4−60+0.2］F0.3；	切削
G0 U1；	退刀
END1；	
#10＝0.8；	X 向精加工余量
#11＝0.1；	Z 向精加工余量
WHILE［ #10 GE 0］DO1；	半精、精加工控制
G0 X0 S1500；	进刀，准备精加工
#20＝0；	角度初值
WHILE ［#20 LE 90］DO2；	曲线加工
#3＝2＊20＊SIN［#20］；	曲线上 X 坐标表达式
#4＝60＊COS［#20］；	曲线上 Z 坐标表达式

程　　序	说　　明
G1 X[#3+#10] Z[#4+#11] F0.1;	直线进给加工椭圆
#20=#20+1;	每次增加 1°
END2;	
G1 Z-95;	直线进给
G0 X45 Z2;	快速定位
#10=#10-0.8;	每次减少 0.8 mm
#11=#11-0.1;	每次减少 0.1 mm
END1;	
G0 X200 Z200;	快速定位
M05;	主轴停转
M30;	程序结束,光标返回开始处

3. 抛物线加工

加工图 1.6.6 所示抛物线孔,方程为 $Z=X^2/16$,换算成直径编程形式为 $Z=X^2/64$,则 $X=$ sqrt[Z]/8。采用端面切削方式,编程零点放在工件右端面中心,工件预钻有 $\phi30$ mm 底孔。

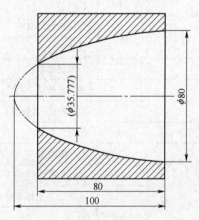

图 1.6.6　抛物线孔

抛物线孔加工程序见表 1.6.10。

表 1.6.10　抛物线孔加工程序

程　　序	说　　明
O0903;	程序名
G0 G40 G97 G99 M03 S1 T0101 F0.2;	程序初始段状态
X28 Z2;	快速定位
#1=-3;	Z 方向初始值
WHILE #1 GE -81 DO1;	粗加工控制
#2=SQRT[100+#1]/8;	曲线上的 X 坐标值

程 序	说 明
G0 Z[#1+0.3];	快速定位
G1 X[#2-0.3] F0.3;	直线进给
G0 X28 W2;	快速定位
#1=#1-3;	Z 方向每次减少 3 mm
END1;	
#10=0.2;	精加工控制余量
#11=0.2;	精加工控制余量
WHILE #10 GE 0 DO1;	半精、精加工控制
#1=-81;	Z 方向初始值
G0 Z-81 S1500;	快速定位
WHILE #1 LT 0.5 DO2;	曲线加工控制
#2=SQRT[100+#1]/8;	曲线上的 X 坐标值
G1 X[#2-#10] Z[#1+#11] F0.1;	直线进给
#1=#1+0.3;	Z 方向每次增加 0.3 mm
END2;	
G0 X28;	快速定位
#10=#10-0.2;	每次减少 0.2 mm
#11=#11-0.2;	每次减少 0.2 mm
END1;	
G0 X100 Z200 M05;	快速定位，主轴停转
M30;	程序结束，光标返回开始处

4. 综合练习

请用变量编程编制能够加工图 1.6.7 所示椭圆轴的部分椭圆轮廓的带参数的程序(宏程序)。

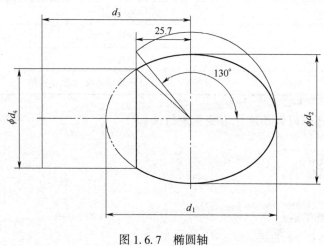

图 1.6.7 椭圆轴

其中：$d_1 = 80$ mm；$d_2 = 60$ mm；$d_3 = 70$ mm；$d_4 = 46$ mm。

建立数学模型,椭圆方程：$\dfrac{X^2}{B^2} + \dfrac{Z^2}{A^2} = 1$

G65 调用宏程序程序见表 1.6.11。

表 1.6.11　椭圆轴加工程序

程　　序	说　　明
O0904;	程序名
G0 G40 G97 G99 M03 S1 T0101 F0.2;	程序初始段状态
G0 X80 Z2;	快速定位
G01 X75;	直线进给
#4=62;	X 方向上直径初始值
WHILE[#4GT0]DO1;	#4>0 往下循环加工
G65 P0004 A40 B30 C70 D46 Q2 E[#4];	A=d_1 B=d_2 C=d_3 D=d_4 E=X 向偏置增量直径值,Q=插值步长
M05;	主轴停转
M30;	程序结束,光标返回开始处

子程序见表 1.6.12(将长度 Z 作为变量编写子程序)。

表 1.6.12　椭圆轮廓轴加工子程序

程　　序	说　　明
O0004;	程序名
#5=40;	Z 方向上长度初始值
WHILE[#5GT-25.7]DO2;	#5>-25.7 往下循环加工
#9=2.*[#2*[SQRT[#1*#1-#5*#5]]/40];	椭圆方程 X 的表达式
G01X[#9+#8]Z[#5-40];	直线进给
#5=#5-0.1;	#5 每次减少 0.1 mm
END2;	
W-45;	直线进给
G0U15;	快速定位
Z2;	快速定位
M99;	子程序结束,返回主程序

子程序编写时还可以以角度作为变量进行编程。

 思考与练习

一、问答题

1. 用户宏程序功能有几种？

2. 简述宏程序转移指令的格式。

3. 宏程序的条件表达式有哪些? 说明其意义。

4. 举例说明宏程序运算指令的应用方法。

二、练习题

1. 请用变量编程编制能够加工图 1.6.8 所示的部分椭圆轮廓的带参数的程序(宏程序)。

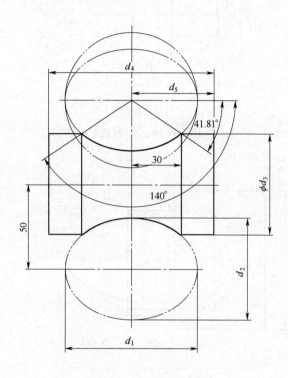

图 1.6.8　椭圆轮廓轴

$$d_1 = 80 \text{ mm}; d_2 = \phi 60 \text{ mm}; d_3 = 60 \text{ mm}; d_4 = 100 \text{ mm}; d_5 = 50 \text{ mm}$$

＊2. 试编程加工图 1.6.9 所示工件。

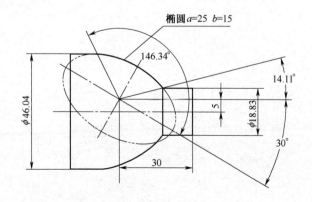

图 1.6.9　斜椭圆轴

3. 试编程加工图 1.6.10 所示工件。

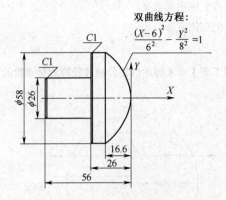

双曲线方程：
$$\frac{(X-6)^2}{6^2} - \frac{Y^2}{8^2} = 1$$

图 1.6.10　双曲线轴

4. 试编程加工图 1.6.11 所示工件。

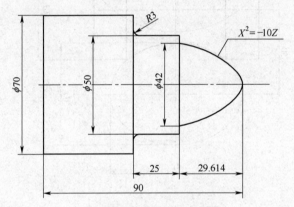

$X^2 = -10Z$

图 1.6.11　抛物线轴

模块七 | 数控仿真加工

随着技术的发展,在数控研究中普遍采用了仿真加工技术。数控加工仿真技术是将虚拟现实技术应用于数控加工操作技能培训的仿真软件。数控仿真系统可以仿真机床操作的整个过程,如毛坯定义、工件装夹、压板安装、基准对刀、安装刀具、机床手动操作等,也可进行加工运行全环境仿真,仿真数控程序的自动运行和 MDI 运行模式、三维工件的实时切削、刀具轨迹的三维显示;提供刀具补偿、坐标系设置等系统参数的设定,全面的碰撞检测和手动、自动加工等模式下的实时碰撞检测,越界及主轴不转时刀柄刀具与工件等的碰撞。采用这种技术的好处是既可以提高操作者的技术,又可以节约实际操作机床的费用,安全可靠。本模块采用的仿真软件为上海宇龙软件公司开发的"数控仿真系统 V4.9 版"。

课题一 基本功能操作

学习目标

1. 熟悉仿真软件的基本界面。
2. 掌握仿真软件的基本操作。

相关知识

1. 基本操作

①项目文件。

项目文件可以保存操作结果,但不包括过程。项目文件内容包括机床、毛坯、经过加工的零件、选用的刀具和夹具、在机床上的安装位置和方式;输入的参数:工件坐标系、刀具长度和半径补偿数据;输入的数控程序。

对项目文件的操作:

新建项目文件,打开菜单"文件\新建项目";选择"新建"项目后,就相当于回到重新选择后机床的状态。

打开项目文件,打开选中的项目文件夹,在文件夹中选中并打开后缀名为".MAC"的文件。

保存项目文件,打开菜单"文件\保存项目"或"另存项目";选择需要保存的内容,按下"确认"按钮。如果保存一个新的项目或者需要以新的项目名保存,选择"另存项目",内容选择完毕后,还需要输入项目名。

保存项目时,系统自动以用户给予的文件名建立一个文件夹,内容都放在该文件夹之中,默认保存在用户工作目录相应的机床系统文件夹内。

②零件模型。

如果仅想对加工的零件进行操作,可以选择"导入\导出零件模型",零件模型的文件以".PRT"为后缀。

③视图的选择。

在工具栏中选 之一,它们分别对应于菜单"视图"下拉菜单的"复位""局部放大""动态缩放""动态平移""动态旋转""绕 X 轴旋转""绕 Y 轴旋转""绕 Z 轴旋转""左测视图""右测视图""俯视图""前视图"。或者可以将光标置于机床显示区域内,右击,弹出浮动菜单进行相应选择。将鼠标移至机床显示区,拖动鼠标,进行相应操作。

④控制面板切换。

在"视图"菜单或浮动菜单中选择"控制面板切换",或在工具条中点击" ",即完成控制面板切换。

⑤"视图选项"对话框。

在"视图"菜单或浮动菜单中选择"选项"或在工具条中选择" ",在对话框中进行设置,如图 1.7.1 所示。其中"透明"零件显示方式可方便观察内部加工状态。

"仿真加速倍率"中的速度值是用以调节仿真速度的,有效数值范围在 1~100 之间。

如果选中"对话框显示出错信息",出错信息提示将出现在对话框中。否则,出错信息将出现在屏幕的右下角。

⑥车床零件测量。

数控加工仿真系统提供了卡尺以完成对零件的测量。如果当前机床上有零件且零件不处于正在被加工的状态,选择"测量\坐标测量…"弹出对话框,如图 1.7.2 所示。

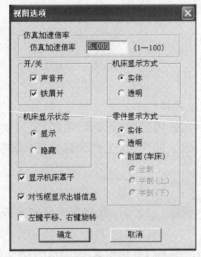

图 1.7.1 "视图选项"对话框

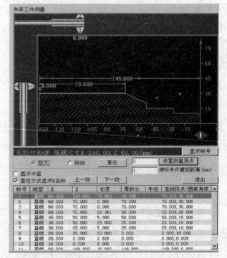

图 1.7.2 零件测量

对话框上半部分的视图显示了当前机床上零件的剖面图。坐标系水平方向上以零件轴心为 Z 轴,向右为正方向,默认零件最右端中心记为原点,拖动 可以改变 Z 轴的原点位置。垂直方向上为 X 轴,显示零件的半径刻度。Z 方向、X 方向各有一把卡尺用来测量两个方向上的投影距离。

下半部分的列表中显示了组成视图中零件剖面图的各条线段。每条线段包含以下数据：

标号——每条线段的编号，点击"显示标号"按钮，视图中将用黄色标注出每一条线段在此列表中对应的标号。

线型——包括直线和圆弧，螺纹将用小段的直线组成。

X：显示此线段自左向右的起点 X 值，即直径/半径值。选中"直径方式显示 X 坐标"，列表中"X"列显示直径，否则显示半径。

Z：显示此线段自左向右的起点距零件最右端的距离。

长度：线型若为直线，显示直线的长度；若为圆弧，显示圆弧的弧长。

累积长：从零件的最右端开始到线段的终点在 Z 方向上的投影距离。

半径：线型若为直线，不做任何显示；若为圆弧，显示圆弧的半径。

终点/圆弧角度：线型若为直线，显示直线终点坐标；若为圆弧，显示圆弧的角度。

选择一条线段：

方法一：在列表中点击选择一条线段，当前行变蓝，视图中将用黄色标记出此线段在零件剖面图上的详细位置，如图 1.7.2 所示。

方法二：在视图中点击一条线段，线段变为黄色，且标注出线段的尺寸。对应列表中的该线段行变蓝。

方法三：点击"上一段""下一段"可以在相邻线段间切换。视图和列表中相应变为选中状态。

设置测量原点：

方法一：在按钮前的编辑框中填入所需坐标原点距零件最右端的位置，点击"设置测量原点"按钮。

方法二：拖动 ▦ ，改变测量原点。拖动时在虚线上有一黄色圆圈在 Z 轴上滑动，遇到线段端点时，跳到线段端点处，如图 1.7.3 所示。

视图操作：

选择对话框中"放大"或者"移动"可以使鼠标在视图上拖动时做相应的的操作，完成放大或者移动视图。点击"复位"按钮视图恢复到初始状态。

选中"显示卡盘"，视图中用红色显示卡盘位置，如图 1.7.4 所示。

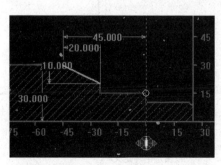

图 1.7.3 测量原点

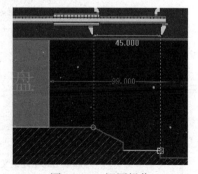

图 1.7.4 视图操作

卡尺测量：

在视图的 X，Z 方向各有一把卡尺，可以拖动卡尺的两个卡爪测量任意两位置间的水平距离和垂直距离。如图1.7.4所示,移动卡爪时,延长线与零件交点由 变为 时,卡尺位置为线段的一个端点,用同样的方法使另一个卡爪处于端点位置,就可测出两端点间的投影距离,此时卡尺读数为45.000。通过设置"游标卡尺捕捉距离",可以改变卡尺移动端查找线段端点的范围。

点击"退出"按钮,即可退出此对话框。

2. 机床台面操作

①选择机床类型。打开菜单"机床/选择机床…"(见图1.7.5),或者点击工具条上的小图标 🖥,在"选择机床"对话框中,"机床类型"选择相应的机床,并选择相应的型号,按"确定"按钮,此时界面如图1.7.6所示。

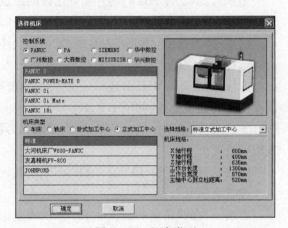

图 1.7.5　选择机床　　　　　　　　　图 1.7.6　机床类型

②选择毛坯。打开菜单"零件/定义毛坯"或在工具条上选择"🗗",系统打开图1.7.7所示对话框,输入名字,选择毛坯形状和材料,选择毛坯尺寸,按"确定"按钮,保存定义的毛坯并且退出本操作。

（a）长方形毛坯定义　　　　　　（b）圆形毛坯定义

图 1.7.7　毛坯定义

③放置零件。打开菜单"零件/放置零件"命令或者在工具条上选择图标 🔧,系统弹出"选择零件"对话框。如图1.7.8所示。

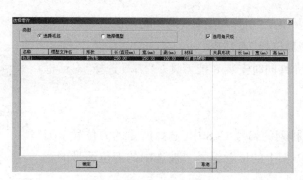

图 1.7.8　"选择零件"对话框

　　在列表中点击所需的零件,选中的零件信息加亮显示,按下"确定"按钮,系统自动关闭对话框,零件和夹具(如果已经选择了夹具)将被放置到机床上。如果经过"导入零件模型"的操作,对话框的零件列表中会显示模型文件名,若在类型框中选择"选择模型",则可以选择导入的零件模型文件,如图 1.7.9 所示。选择后,零件模型即经过部分加工的成型毛坯则被放置在机床台面上,如图 1.7.10 所示。若在类型框中选择"选择毛坯",即使选择了导入的零件模型文件,放置在工作台面上的仍然是未经加工的原毛坯,如图 1.7.11 所示。

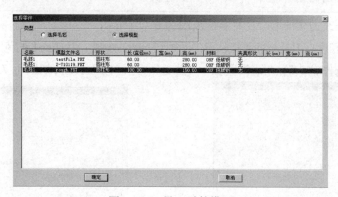

图 1.7.9　导入零件模型

图 1.7.10　成型毛坯

图 1.7.11　原毛坯

　　零件放置好后可以在工作台面上移动。毛坯放在工作台上后,系统将自动弹出一个小键盘(见图 1.7.12 零件的平移和旋转),通过按动小键盘上的方向按钮,可实现零件的平移和旋转。小键盘上的"退出"按钮用于关闭小键盘。选择菜单"零件/移动零件"也可以打开小键盘。

④选择刀具。打开菜单"机床/选择刀具"或者在工具条中选择"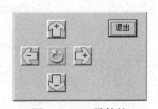"，系统弹出"刀具选择"对话框。

数控车床系统中允许同时安装8把刀具。"刀具选择"对话框如图1.7.13所示。

图1.7.12 零件的
平移和旋转

选择车刀：

a. 在对话框左侧排列的编号1~8中，选择所需的刀位号。刀位号即为刀具在车床刀架上的位置编号。被选中的刀位编号的背景颜色将变为浅黄色。

b. 在"选择刀片"列表框中选择了所需的刀片后，系统自动给出相匹配的刀柄以供选择。

c. 指定加工方式，可选择内圆加工或外圆加工。

d. 选择刀柄。当刀片和刀柄都选择完毕后，刀具被确定，并且输入到所选的刀位。刀位号右侧对应的图片框中显示装配完成的完整刀具。

注意：

> 如果在刀片列表框中选择了钻头，系统只提供一种默认刀柄，则刀具已被确定，显示在所选刀位号右侧的图片框中。

允许操作者修改刀尖半径，刀尖半径范围为0~10 mm。

允许修改刀具长度。刀具长度是指从刀尖开始到刀架的距离。刀具长度的范围为60~300 mm。

当在刀片中选择钻头时，"钻头直径"一栏变亮，允许输入长度，如图1.7.14所示。

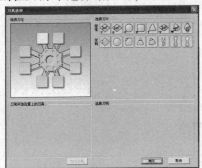

图1.7.13 "刀具选择"对话框

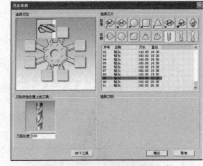

图1.7.14 选择钻头尺寸

在当前选中的刀位号中的刀具可通过"删除当前刀具"键删除。

选择完刀具，完成刀尖半径（钻头直径）及刀具长度修改后，按"确认退出"键完成选刀，刀具按所选刀位安装在刀架上；按"取消退出"键退出选刀操作。

操作实训

在仿真软件上安装45钢，φ40×100 mm的毛坯，T01 93°右偏刀，T02 5 mm×10 mm切槽刀，T03 60°外螺纹刀，并保存。

①打开软件选择机床。

②选择毛坯材料、尺寸，并安装。

③选择在各刀位安装相对应的刀具，选择刀具参数，确认退刀。

④选择项目文件各项,命名并保存。

思考与练习

1. 车刀选择的步骤是什么?
2. 刀具长度的选择范围是多少?

课题二 GSK980TD 面板操作

学习目标

1. 掌握 GSK980TD 系统基本操作方法。
2. 掌握 GSK980TD 系统对刀方法,并能正确的验证对刀正确性。
3. 掌握程序的输入与检索方法。

相关知识

GSK980TD 面板如图 1.7.15、图 1.7.16 所示。

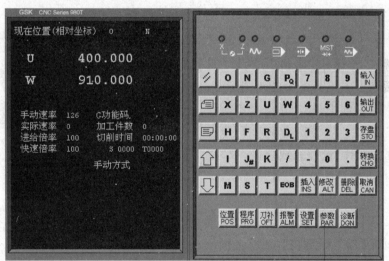

图 1.7.15 CRT 及键盘

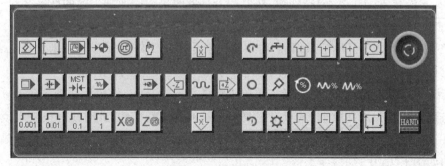

图 1.7.16 操作面板

表 1.7.1 为操作面板按钮介绍。

表 1.7.1　操作面板按钮介绍

图标	按钮名	图标	按钮名
	【编辑方式】		【空运行】
	【自动加工方式】		【返回程序起点】
	【录入方式】	0.001 0.01 0.1 1	【单步/手轮移动量】
	【回参考点】	X Z	【手摇轴选择】
	【单步方式】		【急停】
	【手动方式】	HAND	【手轮方式切换】
	【单程序段】	MST	【辅助功能锁住】
	【机床锁住】		

打开菜单"机床/选择机床…"(见图 1.7.17),或者点击工具条上的小图标,在"选择机床"对话框中,控制系统类型默认为"GSK980T",默认机床类型为车床,厂家及型号在下拉框中选择,选择完成之后,按"确定"按钮。选择毛坯刀具如上一课题所示。

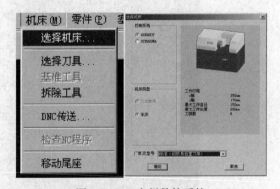

图 1.7.17　广州数控系统

1. 开机

点击工具条上的图标,或者点击菜单"视图/控制面板切换",此时将显示整个机床操作面板,然后检查【急停】按钮键是否松开状态,若未松开,点击【急停】按钮,将其松开。此时机床完成加工前的准备。

2. 对刀

数控程序一般按工件坐标系编程,对刀过程就是建立工件坐标系与机床坐标系之间对应关系的过程。常见的是将工件右端面中心点(车床)设为工件坐标系原点。

点击菜单"视图/俯视图"或点击主菜单工具条上的按钮,使机床呈图 1.7.18 所示俯视图。点击菜单"视图/局部放大"或点击主菜单工具条上的按钮,此时鼠标呈放大镜状,在机床视图处点击拖动鼠标,将需要局部放大的部分置于框中,如图 1.7.19 所示。松开鼠标,此时机床视图如图 1.7.20 所示。

点击按钮，进入刀具补偿窗口，使用翻页按钮、或光标移动按钮、将光标移到序号 101 处。

点击操作面板中【手动方式】按钮，使屏幕显示"手动方式"状态下，将机床向 X 轴负方向移动，点击，使机床向 Z 轴负方向移动。适当点击上述两个按钮，将机床移动到图 1.7.21 所示位置。

图 1.7.18　俯视图

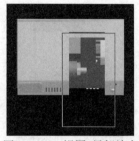

图 1.7.19　视图/局部放大

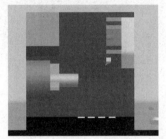

图 1.7.20　局部放大

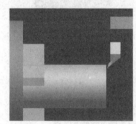

图 1.7.21　机床移动

机床移动到如图 1.7.21 所示位置后，点击操作面板上的或按钮，使主轴转动。点击，用所选刀具试切工件外圆，如图 1.7.22 所示。读出 CRT 界面上显示的机床的 X 坐标，记为 $X1$。

点击按钮，使主轴停止转动，点击菜单"零件/测量"如图 1.7.23 所示，点击试切外圆时所切线段，选中的线段由红色变为黄色，此时在下方将有一行数据变成蓝色。该行数据表示所切外圆的尺寸值。记下对应的 X 的值，记为 xp；在刀具补偿窗口中输入 Xxp，点击按钮，系统将机床位置的坐标减去 xp 后，将得到值填入到 101 和 001 的 X 中。

点击操作面板上的或按钮，使主轴转动，点击操作面板上的，将刀具退至图 1.7.24 所示位置，点击"移动"按钮，试切工件端面，如图 1.7.25 所示。在刀具补偿窗口中输入 "Z0"，点击按钮，系统将机床位置的坐标减去 0 后得到的值填入到 101 和 001 的 Z 中。

使用如下的方法可以对刀具参数进行修正：

点击按钮，进入"刀具补偿"窗口，使用"翻页"按钮，或"光标"按钮，将光标移到序号 001 处。输入" $U\Delta x$ "，点击按钮，此时 X 的值将改为" $xt + \Delta x$ "；输入 $W\Delta z$ ，点击按钮，此时 Z 的值将改为" $Z + \Delta z$ "。

注意：

如果使用多把刀具时，需要对每一把刀进行测量，分别记录其 Xp、Zp 并在程序中作相应修改。

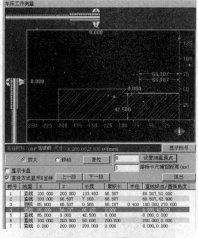

图 1.7.22　机床移动

图 1.7.23　零件/测量

图 1.7.24　机床移动

图 1.7.25　试切工件端面

3. 刀具补偿量的设定

刀具补偿的设定方法可分为绝对值输入和增量值输入两种。

（1）绝对值输入

①点击 █ 按钮，进入刀具补偿窗口如图 1.7.26 所示，因为显示分为多页，可按翻页按钮向上 █ 或向下 █ 翻页，选择需要的参数页。将光标移到要输入的补偿号的位置。

②在地址 X 或 Z 后，用数据键输入补偿量，按 █ 按钮后，补偿量就被输入系统，并在屏幕上显示出来。

（2）增量值输入

①将光标移到要变更的补偿号的位置。

②如要改变 X 轴的值，则键入"U"，对于 Z 轴，键入"W"。

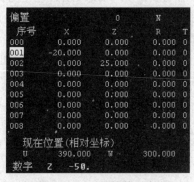

图 1.7.26　刀具补偿量窗口

③用数据键输入增量值。

按 █ 按钮，系统会把补偿量与键入的增量值相加，其结果将作为新的补偿量显示出来。

【例】已设定的补偿量 5.678

　　键盘输入的增量 1.5

新设定的补偿量 7.178(=5.678+1.5)

4. 手动方式

(1)手动返回程序起点

按下【程序回零】按钮⬜,此时屏幕右下角显示"程序回零"。

选择相应的移动轴,单击操作面板上的⬜按钮以及⬜,机床沿着程序起点方向移动。回到程序起点后,坐标轴停止移动,返回程序起点指示灯亮。

需要注意的是程序回零后,自动消除刀补。

(2)手动连续进给

按下【手动方式】按钮⬜,进入手动操作方式,这时屏幕右下角显示"手动方式"。按下手动轴向运动开关,点击操作面板上的⬜按钮,机床向 X 轴正向移动,点击⬜,机床向 X 轴负方向移动,同理,点击⬜、⬜,机床在 Z 轴方向移动,可以根据加工零件的需要,点击适当的按钮,移动机床。

按下【快速进给】按钮⬜时,进行"开→关→开…"切换,当为"开"时,位于面板上部指示灯亮,关时指示灯灭。选择开时,手动以快速速度进给(此按钮配合轴向运动开关使用)。

点击操作面板上的⬜和⬜,使主轴转动,点击⬜按钮,使主轴停止转动。

注意:

> 刀具切削零件时,主轴需转动。加工过程中刀具与零件发生非正常碰撞后(非正常碰撞包括车刀的刀柄与零件发生碰撞),系统弹出警告对话框,同时主轴自动停止转动,调整到适当位置,继续加工时需使主轴重新转动。

(3)手动辅助机能操作

①【手动换刀】

⚙手动/手轮/单步方式下,按下此按钮,刀架旋转换下一把刀。

②【冷却液开关】

⬜手动/手轮/单步方式下,按下此按钮,进行"开→关→开…"切换。

③润滑开关

⬜手动/手轮/单步方式下,按下此按钮,进行"开→关→开…"切换。

④主轴正转

⬜手动/手轮/单步方式下,按下此按钮,主轴正向转动启动。

⑤【主轴反转】

⬜手动/手轮/单步方式下,按下此按钮,主轴反向转动启动。

⑥【主轴停止】

⬜手动/手轮/单步方式下,按下此按钮,主轴停止转动。

⑦【主轴倍率增加/减少】

⬜增加:按一次增加按钮,主轴倍率从当前倍率以下面的顺序增加一挡。

50%→60%→70%→80%→90%→100%→110%→120%

减少:按一次减少按钮,主轴倍率从当前倍率以下面的顺序递减一挡。

   120%→110%→100%→90%→80%→70%→60%→50%

注:相应倍率变化在屏幕左下角显示。

⑧【快速进给倍率增加/减少】

增加:按一次增加按钮,主轴倍率从当前倍率以下面的顺序增加一挡。

   0%→25%→50%→75%→100%

减少:按一次减少按钮,主轴倍率从当前倍率以下面的顺序递减一挡。

   100%→75%→50%→25%→0%

⑨【进给速度倍率增加/减少】

在自动运行中,对进给倍率进行倍率调节。

增加:按一次增加按钮,主轴倍率从当前倍率以下面的顺序增加一挡。

   0%→10%→20%→30%→40%→50%……→150%

减少:按一次减少按钮,主轴倍率从当前倍率以下面的顺序递减一挡。

   150%→140%→130%→120%→110%……→0%

进给速度倍率开关与手动连续进给速度开关通用。

5. 单步进给

①按下【单步方式】按钮 ⊚ ,选择单步操作方式,这时屏幕右下角将显示"单步方式"。

②选择适当的移动量: ⊡ ⊡ ⊡ ⊡ ,此时屏幕左下角将显示"手轮增量 0.01"等,"0.001"表示进给增量为 0.001 mm,"0.01"表示进给增量为 0.01 mm,进给增量可在 0.001~1 mm 之间切换。

③选择好适当的移动量后,点击操作面板上的 ⇧ 按钮一次,机床向 X 轴正向移动一个点动距离,点击 ⇩ ,机床向 X 轴负向以点动方式移动;点击 ⇦ 、⇨ ,机床在 Z 轴分别向正向和负向以点动方式移动。可以根据加工零件的需要,点击适当的按钮,移动机床。

6. 手轮进给

①按下【单步方式】按钮 ⊚ ,选择单步操作方式,这时屏幕右下角显示"单步方式"。

②选择适当的点动距离: ⊡ ⊡ ⊡ ⊡ ,此时屏幕左下角将显示"手轮增量 0.01"等,"0.001"表示进给增量为 0.001 mm,"0.01"表示进给增量为 0.01 mm,进给增量可在 0.001~1 mm 之间切换。

③点击【手轮】按钮 ⊞ ,操作面板将显示"手轮轴" ⊙ ,进入手轮方式下,随后选择轴向按钮 X 方向 ⊠ 或 Z 方向 ⊠ ,在手轮 ⊙ 上按住鼠标左键,机床向所选方向轴的负方向运动,相应的按住鼠标右键,机床向正方向运动(鼠标左键配合左转,右键配合右转)。

7. 自动方式

(1)自动/单段方式的启动

检查机床是否回零,若未回零,则先将机床回零。

导入数控程序或自行编写一段程序(参见"程序的导入")。

点击面板上的【自动运行】按钮 ⊡ ,进入自动加工方式,点击【循环启动】按钮 ⊡ ,程序开始执行。

当点击操作面板上的【单程序段】按钮后，指示灯变亮，系统以单段程序方式执行，即点击一次【循环启动】按钮执行一个程序段，如果再按【循环启动】按钮，则在执行下个程序段后停止。

(2)自动运行停止

数控程序在运行过程中可根据需要停止和重新运行。

数控程序在运行时，按【进给保持】按钮，程序停止执行；点击【循环起动】按钮，程序从暂停位置开始执行。

数控程序在运行时，按下【急停】按钮，数控程序中断运行，继续运行时，先要将【急停】按钮松开，再按【循环启动】按钮，余下的数控程序从中断行开始作为一个独立的程序执行。

(3)检查运行轨迹

NC 程序导入后，可检查程序的运行轨迹是否正确。

点击操作面板上的自动运行按钮，转入自动加工模式，点击键盘上的【程序 PRG】按钮，进入程序编辑窗口，通过检索的方法调出需要的程序，然后点击【设置 SET】按钮，进入检查运行轨迹模式，点击操作面板上的【循环启动】按钮，如图 1.7.27 所示，即可观察数控程序的运行轨迹，此时也可通过"视图"菜单中的动态旋转、动态缩放、动态平移等方式对三维运行轨迹进行全方位的观察。

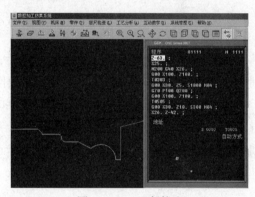

图 1.7.27 运行轨迹

8. 录入方式

从 MDI 面板上输入一个程序段的指令，并可以执行该程序段。

【例】G00 X200.5 Z125

①点击【录入方式】按钮。

②点击 PRG 按钮，进入程序编辑窗口，按【翻页】按钮，选择在左上方显示右"程序段值"的画面，如图 1.7.28 所示。

③键入"G00"按 输入 按钮。G00 输入后被显示出来。按 输入 按钮以前，如发现输入错误，可按 取消 按钮取消，然后再次输入正确的数值。

④以此方式，键入"X200.5"，按 输入 按钮，X200.5 被输入并显示出来。键入"Z125"，按 输入，"Z125"被输入并显示出来。

⑤点击【循环起动】按钮，则开始执行所输入的程序。

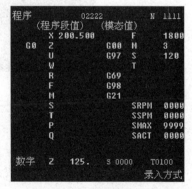

图 1.7.28 "程序段值"画面

9. 数控程序处理

①新建数控程序。按下【编辑方式】按钮，进入编辑操作方式，这时屏幕右下角显示"编辑方式"。点击操作键盘上的按钮，进入程序编辑窗口，输入地址 O，然后输入程序号，按【EOB】按钮，则自动产生了一个"OXXXX"的程序，如图 1.7.29 所示。

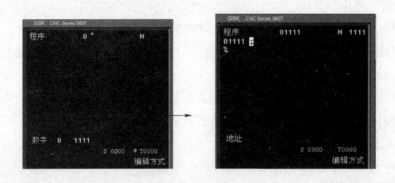

图 1.7.29　新建数控程序

②字的插入、修改、删除。新建程序之后，则可以通过 MDI 键盘输入加工程序。此时可以利用、、分别进行插入、修改及删除操作。

③程序号检索。当存储器存入多段程序时，可以通过检索的方法调出需要的程序，对其进行编辑。检索过程如下：点击【编辑方式】按钮，进入编辑操作方式，然后点击按钮，进入到程序编辑窗口，输入要检索的程序名例如"O2222，然后按【向下】按钮，此时在 LCD 显示屏上将显示检索出的程序，如图 1.7.30 所示。

图 1.7.30　程序号检索

④程序的删除。

a. 删除指定程序。按下按钮，并点击，进入到编辑界面，此时输入要删除的程序名，例如"O1111"，并按按钮，则对应的程序将被删除。

b. 删除全部程序。按下按钮，并点击，进入到编辑界面，输入"O-9999"，并按按钮，则可将所有的程序从存储器中被删除。

操作实训

试用仿真软件编程加工图 1.7.31 所示工件。毛坯尺寸:$\phi50$ mm×125 mm。

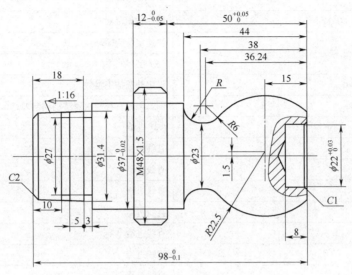

图 1.7.31 加工实训工件

1. 工艺分析

(1) 工、夹、量、刀具选择。

①工、夹具选择。将毛坯装夹在三爪自定心卡盘上,划线盘找正。

②量具选择。选用 25~50 mm、50~75 mm 外径千分尺,0~150 mm 游标卡尺,螺纹环规,圆弧样板。

③刀具选择。将 95°外圆刀安装在 1 号刀位,切槽刀刀宽 3.0 mm 安装在 2 号刀位上,螺纹刀安装安装在 3 号刀位上,93°内孔刀安装在 4 号刀位上。

(2) 制订加工工艺方案(见表 1.7.1)

表 1.7.1 机械零件加工工艺

工步号	工步内容	刀具号	切削用量		
			a_p/mm	F/(mm·r^{-1})	n/(r·min^{-1})
1	G71 粗车左端外圆	T01	2.0	0.2	500
2	G70 精车左端外圆	T01	0.25	0.1	800
3	G01 车左端外槽	T02		0.1	500
4	调头 G73 粗车右端外圆	T01	1.0	0.2	500
5	G70 精车右端外圆	T01	0.25	0.1	800
6	G92 车螺纹	T03		1.5	500
7	G71 粗车右端内孔	T04	1.5	0.1	500
8	G70 精车右端内孔	T04	0.25	0.1	500

2. 编写程序

加工实训工件程序见表 1.7.2。

表 1.7.2　加工实训工件程序

程　　序	说　　明
O1610;	程序名
N1;	车削左端外圆
G99 M03 S500 T0101 F0.2;	程序初始段状态
G0 X52.0 Z2.0;	快速定位到循环点
G71 U2.0 R0.5;	G71 粗车外圆
G71 P10 Q20 U0.5 W0;	设定外圆加工参数
N10 G0 G42 X26.774;	圆弧半径右补偿快速移动到起刀点
G01 Z0;	G01 进给
X30.77 Z-2.0;	直线进给
X31.4 Z-10.0;	直线进给
Z-21.0;	直线进给
X37.0;	直线进给
Z-36.0;	直线进给
X44.0;	直线进给
X48.0 W-2.0;	直线进给
Z-50.0;	直线进给
N20 G40 X51.0;	直线进给,取消刀尖半径补偿
G0 X100.0 Z100.0;	快速退回换刀点
M05;	主轴停转
M0;	程序暂停
N2;	精车左端外圆
G99 M03 S800 T0101 F0.1;	程序初始段状态
G0 X52.0 Z2.0;	快速定位循环点
G70 P10 Q20;	G70 精车左端外圆
G0 X100.0 Z100.0;	快速退回换刀点
M05;	主轴停转
M0;	程序暂停
N3;	车左端外槽
G99 M03 S500 T0202 F0.1;	程序初始段状态
G0 X39.0 Z-13.0;	快速定位起刀点
G01 X27.0;	G01 进给车槽
G04 X2.0;	进给暂停 2.0S
G01 X39.0;	退刀
Z-21.0;	定位第二个槽
G01 X27.0;	G01 车槽
G04 X2.0;	进给暂停 2.0S

程　　序	说　　明
G01 X39.0;	退刀
G0 X100.0 Z100.0;	快速退回换刀点
M05;	主轴停转
M0;	程序暂停
N4;	调头加工右端
G99 M03 S500 T0101 F0.2;	程序初始段状态
G0 X52.0 Z2.0;	快速定位到循环点
G73 U14.0 W0.1 R14;	设置 G73 参数
G73 P30 Q40 U0.5 W0.15;	设置 G73 参数
N30 G0 G42 X30.54;	快速定位到起刀点, 半径右补偿
G01 Z0 F0.1;	直线进给
G03 X27.0 Z-31.77 R22.5;	G03 车圆弧
G02 X23.0 Z-36.24 R6.0;	G02 车圆弧
G01 Z-38.0;	直线进给
G02 X35.0 Z-44.0 R6.0;	G02 车圆弧
G01 X37.0;	直线进给
W-6.0;	直线进给
X44.0;	直线进给
X48.0 W-2.0;	直线进给
N40 G40 X49.0;	直线进给, 取消圆弧补偿
G0 X100.0 Z100.0;	快速退回换刀点
G99 M03 S800 T0101;	设置精加工工艺参数
G0 X52.0 Z2.0;	快速定位到循环点
G70 P30 Q40;	G70 精车
G0 X100.0 Z100.0;	快速退回换刀点
M05;	主轴停转
M0;	程序暂停
N5;	车螺纹
G99 M03 S500 T0303 F0.2;	程序初始段状态
G0 X50.0 Z-48.0;	快速定位到循环点
G92 X47.2 Z-64.0 F1.5;	G92 车螺纹
X46.6 F1.5;	G92 车螺纹
X46.2 F1.5;	G92 车螺纹
X46.1 F1.5;	G92 车螺纹
X46.1 F1.5;	G92 车螺纹
G0 X100.0 Z100.0;	快速退回换刀点

右上角：续表

程　序	说　明
M05;	主轴停转
M0;	程序暂停
N6;	车内孔
G99 M03 S500 T0404 F0.1;	程序初始段状态
G0 X18.0 Z2.0;	快速定位循环点
G71 U1.5 R0.5;	G71 粗车内孔
G71 P50 Q60 U-0.5 W0;	设定内孔加工参数
N50 G0 G41 X24.0;	快速定位起刀点,半径左补偿
G01 Z0 F0.08;	直线进给
X22.0 W-1.0;	直线进给
Z-8.0;	直线进给
N60 G40 X16.0;	直线进给,取消半径补偿
G70 P50 Q60;	G70 精车内孔
G0 X100.0 Z100.0;	快速退回换刀点
M05;	主轴停转
M30;	程序结束并返回程序开始处

3. 加工过程

①启动加密锁管理程序。用鼠标左键依次点击"开始"→"程序"→"数控加工仿真系统"→"加密锁管理程序",如图 1.7.32 所示。

加密锁程序启动后,屏幕右下方的工具栏中将出现"🖥"图标。

②运行数控加工仿真系统。依次点击"开始"→"程序"→"数控加工仿真系统"→"数控加工仿真系统",系统将弹出图 1.7.33 所示"用户登录"界面。

图 1.7.32　启动加密锁

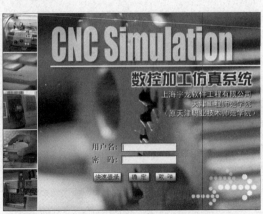

图 1.7.33　用户登录

此时,可以通过点击"快速登录"按钮进入数控加工仿真系统的操作。

③选择机床。点击📺或图1.7.34所示机床选择界面"机床选择"GSK980TD。

图1.7.34　机床选择

④选择毛坯。打开菜单"零件/定义毛坯"或在工具条上选择"🖆",系统打开图1.7.35所示"定义毛坯"对话框,输入名字,选择毛坯形状和材料,选择毛坯尺寸 V 型 φ50 mm×98 mm,内孔 φ20 mm×8 mm 按"确定"按钮,保存定义的毛坯并且退出本操作。

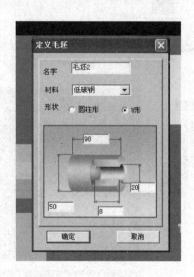

图1.7.35　"定义毛坯"对话框

⑤选择刀具。打开菜单"机床/选择刀具"或者在工具条中选择"🔧",系统弹出图1.7.36所示"刀具选择"对话框。

a. 选择 1 号刀,为 95°外圆刀、刀片 35°、刀尖圆弧 0.2 mm。

b. 选择 2 号刀,切槽刀、刀宽 3.0 mm、刀尖圆弧为 0。

c. 选择 3 号刀,外螺纹刀、刀尖角度为 60°。

d. 选择 4 号刀,93°内孔刀、刀片 55°、刀尖圆弧 0.2 mm、最小直径 17 mm。

⑥对刀。1 号外圆刀,车外圆,测量如图 1.7.37 测量,记下 X45.924,Z2.762。

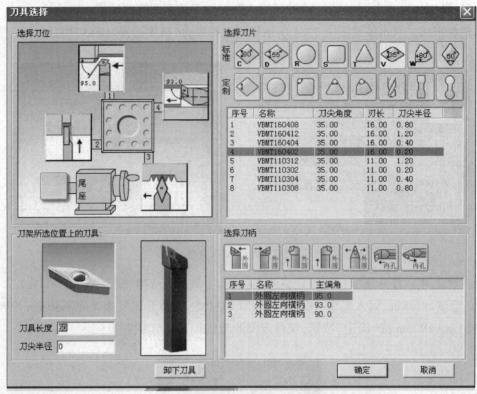

图 1.7.36 "刀具选择"对话框

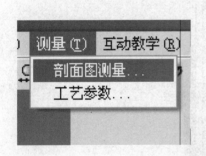

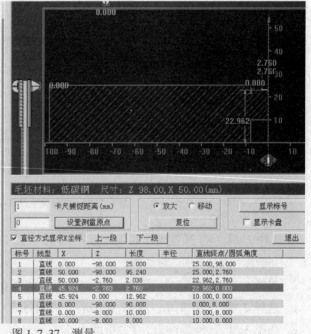

图 1.7.37 测量

确定刀补,在 1 号刀位处输入"X45.924 Z-2.762 R0.2 T3",如图 1.7.38 刀具偏置图。

同理,按此方法分别对另外三把刀进行对刀,并输入对刀数值,如图 1.7.38 所示。

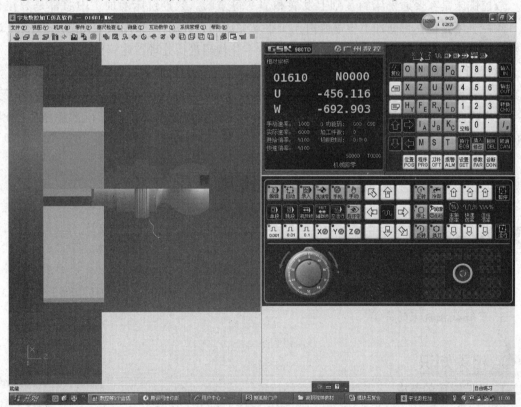

序号	X	Z	R	T
000	0.000	0.000	0.000	0
001	-388.634	-870.605	0.200	3
002	-388.634	-872.000	0.000	0
003	-388.634	-884.500	0.000	0
004	-556.116	-792.903	0.000	0
005	0.000	0.000	0.000	0
006	0.000	0.000	0.000	0
007	0.000	0.000	0.000	0

相对坐标
U   -342.710   W   -873.365
序号 001   S0000 T0000
手动方式

图 1.7.38 刀具偏置图

⑦输入程序。手动输入或 DNC 传输。

⑧自动加工。自动方式下,启动程序进行加工,如图 1.7.39 所示。

图 1.7.39 仿真加工

 思考与练习

1. 说出试切法对刀的步骤。

2. 输入一段程序并作图校正。

第二单元 数控铣床、加工中心加工技术

模块一 数控铣床、加工中心的基本知识操作

数控铣床是在普通铣床的基础上发展和演变过来的。数控铣床及加工中心都是数控机床。数控机床是把在普通加工中需要由人工手动完成的各种动作,采用数字化的代码表示,通过数控介质输入到计算机,计算机通过对这些数字化代码进行处理与运算,然后发出各种控制指令,对各个运动部件及开关进行控制,使数控机床完成自动化加工。即数控机床是安装了数控系统或者说是采用了数控技术的机床。数控技术简称数控(Numerical Control,缩写为NC)现代数控技术都是采用计算机进行控制,因此现代数控技术又称计算机数控技术,简称CNC(Computer Numerical Control)。

课题一 数控铣床基础知识

学习目标

1. 熟悉数控铣床的结构。
2. 掌握数控铣床的工作原理。
3. 了解数控铣床的分类。

相关知识

1. 数控铣床的组成

数控铣床一般由控制介质、数控装置、伺服系统和机床本体所组成,如图2.1.1所示,实线部分为开环系统,虚线部分包含检测装置,构成闭环系统,各部分简述如下:

(1)控制介质

数控机床工作时,不需要人参与直接操作,但人的意图又必须体现出来,所以人和数控机床之间必须建立某种联系,这种联系的介质称为控制介质或输入介质。

控制介质上存储着加工零件所需要的全部操作信息和刀具相对于工件的位移信息。常用

的信息载体有标准穿孔带、磁带和磁盘等。信息载体上记载的加工信息由按一定规则排列的文字、数字和代码所组成。目前国际上通常使用 EIA(Electronic Industries Association)代码以及 ISO(International Organization For Standardization)代码,这些代码经输入装置送给数控装置。常用的输入装置有光电纸带输入机、磁带录音机和磁盘驱动器等。

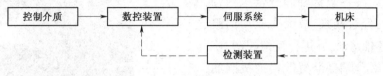

图 2.1.1 数控机床的组成

(2)数控装置

数控装置是数控铣床的核心,也是区别于普通机床最重要的特征之一。数控装置可用来接受并处理控制介质的信息,并将代码加以识别、存储、运算,输出相应的命令脉冲,经过功率放大驱动伺服系统,使机床按规定要求动作。它能完成加工程序的输入、编辑及修改,实现信息存储、数据交换、代码转换、插补运算以及各种控制功能。通常由一台通用或专用微型计算机构成,包括输入接口、存储器、中央处理器、输出接口和控制电路等部分,如图 2.1.2 所示。

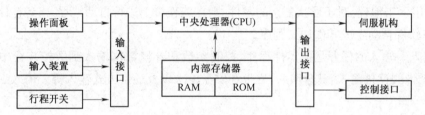

图 2.1.2 数控装置的组成

(3)伺服系统

伺服系统包括驱动部分和执行机构两大部分。常用的位移执行机构有功率步进电动机、直流伺服电动机和交流伺服电动机等。伺服系统将数控装置输出的脉冲信号放大,驱动机床移动部件运动或使执行机构动作,以加工出符合要求的零件。

伺服驱动系统性能的好坏直接影响数控机床的加工精度和生产率,因此要求伺服驱动系统具有良好的快速响应性能,能准确而迅速地跟踪数控装置的数字指令信号。

(4)机床本体

机床本体是用于完成各种切削加工的机械部分。机床是被控制的对象,其运动的位移和速度以及各种开关量是被控制的。它包括机床的主运动部件、进给运动部件、执行部件和基础部件,如底座、立柱、工作台(刀架)、滑鞍、导轨等。为了保证数控机床的快速响应特性,数控机床上普遍采用精密滚珠丝杠和直线运动导轨副。为了保证数控机床的高精度、高效率和高自动化加工,数控机床的机械结构具有较高的动态特性、动态刚度、阻尼精度、耐磨性和抗热变形等性能。为了保证数控机床功能的充分发挥,还有一些配套部件如冷却、润滑、防护、排屑、照明、储运等,另外还有一些特殊应用装置,如检测装置、监控装置、编程机、对刀仪等,如图 2.1.3 所示。

2. 数控铣床的工作原理

用数控铣床加工零件时,首先应将加工零件的几何信息和工艺信息编制成加工程序,由输入部分送入数控装置,经过数控装置的处理、运算,按各坐标轴的分量送到各轴的驱动电路,经过转换、放大去驱动伺服电动机,带动各轴运动,并进行反馈控制,使刀具与工件及其他辅助装置严格地按照加工程序规定的顺序、轨迹和参数有条不紊地工作,从而加工出零件的全部轮廓。其工作流程如下。

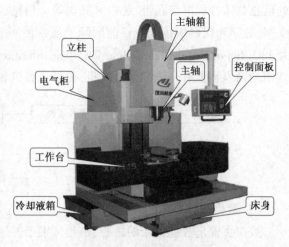

图 2.1.3　数控铣床结构

(1)数控加工程序的编制。在零件加工前,首先根据被加工零件图样所规定的零件形状、尺寸、材料及技术要求等,确定零件的工艺过程、工艺参数、几何参数以及切削用量等,然后根据数控机床编程手册规定的代码和程序格式编写零件加工程序单。对于较简单的零件,通常采用手工编程;对于形状复杂的零件,则在编程机上进行自动编程,或者在计算机上用CAD/CAM 软件自动生成零件加工程序。

(2)输入。输入的任务是把零件程序、控制参数和补偿数据输入到数控装置中去。输入的方法有纸带阅读机输入、键盘输入、磁带和磁盘输入以及通信方式输入等。输入工作方式通常有两种。

①边输入边加工,在前一个程序段加工时,输入后一个程序段的内容。

②一次性地将整个零件加工程序输入到数控装置的内部存储器中,加工时再把一个个程序段从存储器中调出来进行处理。

(3)译码。数控装置接受的程序是由程序段组成的,程序段中包含零件轮廓信息、加工进给速度等加工工艺信息和其他辅助信息。计算机不能直接识别它们,译码程序就像一个翻译,按照一定的语法规则将上述信息解释成计算机能够识别的数据形式,并按一定的数据格式存放在指定的内存专用区域。在译码过程中对程序段还要进行语法检查,有错则立即报警。

(4)刀具补偿。零件加工程序通常是按零件轮廓轨迹编制的。刀具补偿的作用是把零件轮廓轨迹转换成刀具中心轨迹运动,而加工出所需要的零件轮廓。刀具补偿包括刀具半径补偿和刀具长度补偿。

(5)插补。插补的目的是控制加工运动,使刀具相对于工件做出符合零件轮廓轨迹的相对运动。具体的说,插补就是数控装置根据输入的零件轮廓数据,通过计算把零件轮廓描述出来,边计算边根据计算结果向各坐标轴发出运动指令,使机床在相应的坐标方向上移动,将工件加工成所需的轮廓形状。插补只有在辅助功能(换刀、换档、冷却液等)完成之后才能进行。

(6)位置控制和机床加工。插补的结果是产生一个周期内的位置增量。位置控制的任务是在每个采样周期内,将插补计算出的指令位置与实际反馈位置相比较,用其差值去控制伺服电动机,电动机使机床的运动部件带动刀具按规定的轨迹和速度进行加工。在位置控制中通常还应完成位置回路的增量调整、各坐标方向的螺距误差补偿和方向间隙补偿,以提高机床的定位精度。

3. 数控铣床的分类

数控铣床常见的结构形式有立式(见图2.1.4)、卧式(见图2.1.5)、万能式(五面加工数控铣床)(见图2.1.6)三种。

图2.1.4　立式　　　　　　　　图2.1.5　卧式　　　　　　　　图2.1.6　万能式

操作实训

1. 数控铣床常用刀柄、刀具

(1)数控铣床的刀柄

数控铣床使用的刀具通过刀柄与主轴相连,刀柄通过拉钉和主轴内的拉刀装置固定在主轴上,由刀柄夹持传递速度、扭矩。刀柄的强度、刚性、耐磨性、制造精度以及夹紧力等对加工有直接的影响。

锥度为7∶24的通用刀柄通常有五种标准和规格,即 NT(传统型)、DIN 69871(德国标准)、ISO 7388/1(国际标准)、MAS BT(日本标准)以及 ANSI/ASME(美国标准)。

刀柄与主轴孔的配合锥面一般采用7∶24的锥度,这种锥柄不自锁,换刀方便,与直柄相比有较高的定心精度和刚度。为了保证刀柄与主轴的配合与连接,刀柄与拉钉的结构和尺寸均已标准化和系列化,在我国应用最为广泛的是 BT40 和 BT50 系列刀柄和拉钉,如图2.1.7所示。其中, BT 表示采用日本标准 MAS403 加工而成的刀柄,如图2.1.8所示,其后数字为相应的 ISO 锥度号。图2.1.9所示为刀柄和打针。

图2.1.7　拉钉　　　　　　　　　　　　　　　图2.1.8　刀柄

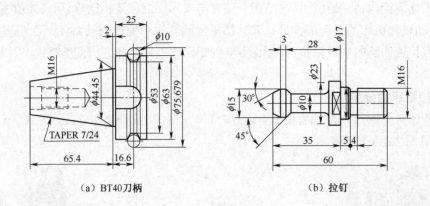

（a）BT40刀柄　　　　　　　　　　　（b）拉钉

图 2.1.9　刀柄和拉钉

（2）刀柄的分类

①按刀柄的结构分。

a. 整体式刀柄。如图 2.1.10 所示，这种刀柄直接夹住刀具，刚性好，但需要针对不同的刀具分别配备，其规格、品种繁多，给管理和生产带来不便。

b. 模块式刀柄。如图 2.1.11 所示，模块式刀柄比整体式多出中间连接部分，装配不同刀具时更换连接部分即可，克服了整体式刀柄的缺点，但对连接部分的精度、刚性、强度等都有很高的要求。

②按刀具夹紧方式分。

a. 弹簧夹头刀柄。这种刀柄使用较多，其采用 ER 型卡簧，适用于夹持 16 mm 以下直径的铣刀进行铣削加工；若采用 KM 型卡簧，则称为强力夹头刀柄，可以提供较大夹紧力，适用于夹持 16 mm 以上直径的铣刀进行强力铣削。

b. 侧固式刀柄。采用侧向夹紧，适用于切削力大的加工，但一种尺寸的刀具需对应配备一种刀柄，规格较多。

图 2.1.10　整体式刀柄

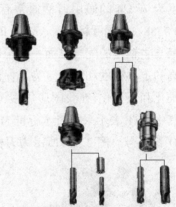

图 2.1.11　模块式刀柄

c. 液压夹紧式刀柄 。其采用液压夹紧，可提供较大夹紧力。

d. 冷缩夹紧式刀柄 。在装刀时应加热孔，靠冷却夹紧，使刀具和刀柄合二为一，在不经常换刀的场合使用。

③按所夹持的刀具分

a. 圆柱铣刀刀柄。用于夹持圆柱铣刀。

b. 面铣刀刀柄。用于与面铣刀盘配套使用。

c. 锥柄钻头刀柄。用于夹持莫氏锥度刀杆的钻头、铰刀等,带有扁尾槽及装卸槽。

d. 直柄钻头刀柄。用于装夹直径在 13 mm 以下的中心钻、直柄麻花钻等。

e. 镗刀刀柄。用于各种尺寸孔的镗削加工,有单刃、双刃以及重切削等类型。

f. 丝锥刀柄。用于自动攻螺纹时装夹丝锥,一般具有切削力限制功能。

(3)数控铣床常用刀具

①孔加工刀具。包括中心钻、麻花钻(直柄、锥柄)、扩孔钻、锪孔钻、铰刀、镗刀、丝锥等,如图 2.1.12 所示。

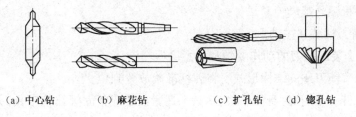

　(a)中心钻　　　　(b)麻花钻　　　　(c)扩孔钻　　(d)锪孔钻

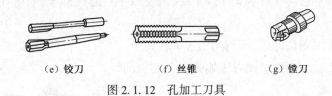

　　　(e)铰刀　　　　　　(f)丝锥　　　　　(g)镗刀

图 2.1.12　孔加工刀具

②面加工刀具。常用面铣刀、立铣刀、键槽铣刀、球头铣刀,如图 2.1.13 所示。

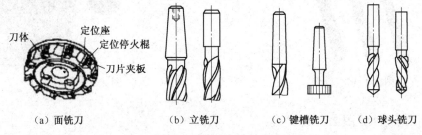

　(a)面铣刀　　　　(b)立铣刀　　　　(c)键槽铣刀　　(d)球头铣刀

图 2.1.13　面加工刀具

③常用铣刀的安装。数控铣床/加工中心上用的立铣刀和钻头大多是采用弹簧夹套装夹方式安装在刀柄上的,刀柄由主柄部,弹簧夹套(见图 2.1.14)、夹紧螺母(见图 2.1.15)组成。

铣刀的装夹步骤:

a. 将刀柄放入锁刀座并锁紧。

b. 根据刀具直径选取合适的卡簧,清洁工作表面。

图 2.1.14　弹簧夹套

图 2.1.15　夹紧螺母

c. 将卡簧装入锁紧螺母内。

d. 将铣刀装入卡簧孔内,并根据加工深度控制刀具悬伸长度。

e. 用扳手将锁紧螺母锁紧。

f. 检查,将刀柄装在主轴上。

在锁刀座上装卸铣刀的动作要领和注意事项:

a. 注意观察锁刀座的结构形式。将刀柄准确放置到位。

b. 双腿叉开一个肩宽,身体站稳;一只手握紧扳手或紧固螺纹箍工具,另外一只手握住刀具侧面。

c. 用力要均匀平稳。一只手无法卸下时,需要双手一起扳动手柄,应注意身体平衡,防止失衡跌倒碰伤。

d. 夹紧螺母紧固到位即可,不可用力过大。

e. 扳手如图 2.1.16 所示,锁刀座如图 2.1.17 所示。

图 2.1.16　扳手

图 2.1.17　锁刀座

④刀柄的安装(见图 2.1.18)。

刀柄安装步骤:

a. 将刀柄锥部及主轴孔擦干净。

b. 打开"换刀允许"键。然后按住"刀具松紧"键,将刀柄上的键槽对准主轴上的键块,将刀柄装入主轴孔,松开"刀具松紧"键,关闭"刀具松紧"键。

2. 数控铣床/加工中心常用夹具

零件的数控加工大都采用工序集中原则,加工的部位较多,同时批量较小,零件更换周期短,夹具的标准化、通用化和自动化对加工效率的提高及加工费用的降低有很大影响。

夹具按照结构类型可分为通用类、组合类与专用类夹具三种。

（1）通用类夹具

通用类夹具是已经标准化的可以加工一定范围内不同工件的夹具。其结构尺寸已经标准化、规格化，而且具有一定的通用性，由专门化的制造企业生产，用户根据自己的需求选购即可。常见的有如下几种：

主柄部

弹簧夹套

夹紧螺母

图 2.1.18 刀柄

①机床用平口虎钳。机床用平口虎钳适用于中小尺寸和形状规则的工件安装，它是一种通用夹具，一般有非旋转式和旋转式两种，前者刚性较好，后者底座上有一刻度盘，能够把平口钳转成任意角度。

图 2.1.19 所示为强力液压机用平口虎钳，该平口虎钳有多种规格（见表 2.1.1）。可用于数控铣床、加工中心和普通的钻床和铣床。

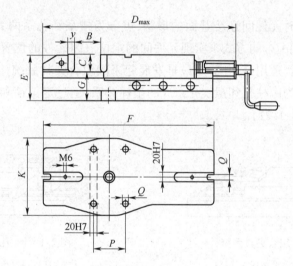

图 2.1.19 强力液压机用平口钳

表 2.1.1 强力液压机用平口钳的规格

钳口宽度/mm	113	135	160	200
夹持范围/mm	170	220	310	355
钳口高/厚(C/Y)/mm	31.6/12	39.6/16	49.6/16	66.6/20
高度($G\pm0.02/E$)/mm	65.5/97	72.5/112	83.5/133	104.5/171
长(F/D)/mm	390/583	468/681	574/817	685/1022
宽(K)/mm	160	200	240	280
槽宽(Q)/mm	13	13	17	18

②万能分度头。分度头是铣床常用的重要附件，能使工件绕分度头主轴轴线回转一定角

度,在一次装夹中完成等分或不等分零件的分度工作,如加工四方、六角等。

③三爪自定心卡盘。将三爪自定心卡盘利用压板安装在工作台面上,可装夹圆柱形零件。在批量加工圆柱工件端面时,装夹快捷方便,例如铣削端面凸轮、不规则槽等。

(2)组合类夹具

组合类夹具是在机床夹具零部件标准化基础上发展起来的一种新型的工艺装备。它是由一套结构、尺寸已规格化、系列化和标准化的通用元件和组合件组装而成的。可见,组合夹具就是一种零、部件可以多次重复使用的专用夹具。经生产实践表明,与一次性使用的专用夹具相比,它是以组装代替设计和制造的,故具有以下特点。

①灵活多变、适用范围广,可大大缩短生产准备周期。

②可节省大量人力、物力,减少金属材料的消耗。

③可大大减少存放专用夹具的库房面积,简化了管理工作。

不足之处:外形尺寸较大、笨重,且刚性较差。此外由于所需元件的储备量大,故一次性投资费用较高。

组合夹具按组装时元件间连接基面的形状,可分为槽系和孔系两大系统:槽系组合以槽(T形槽、键槽)和键相配合的方式来实现元件间的定位。因元件的位置可沿槽的纵向作无级调节,故组装十分灵活,适用范围广,是最早发展起来的组合夹具系统(见图2.1.20);孔系组合夹具主要元件表面为圆柱孔和螺纹孔组成的坐标孔系,通过定位销和螺栓来实现元件之间的组装和紧固(见图2.1.21)。

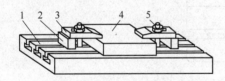

图2.1.20　组合夹具系统

1—工作台;2—支承块;3—压板;

4—工件;5—双头螺柱

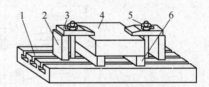

图2.1.21　孔系组合夹具

1—工作台;2—支承块;3—压板;

4—工件;5—双头螺柱;6—等高垫块

(3)专用类夹具

专用类夹具是专门为某一工件的某一道工序设计制造的夹具。为了保证工件的加工质量,提高生产效率,减轻劳动强度,根据工件的形状和加工方式可采用专用夹具安装。专用夹具缺点是设计周期较长,投资较大。

 思考与练习

一、问答题

1. 数控铣床的结构和工作原理是什么?

2. 数控铣床刀柄的种类结构是什么?

二、操作练习

1. 铣刀的装夹。

2. 刀柄的安装。

课题二　加工中心机床基础知识

 学习目标

1. 了解加工中心机床的特点及分类。

2. 了解加工中心机床加工对象。

3. 掌握加工中心机床自动换刀装置原理及操作方法。

4. 掌握常用的刀具、夹具、量具的使用方法。

5. 熟悉加工中心机床操作面板各功能键的作用。

 相关知识

1. 加工中心的特点

在普通数控机床上加装一个刀库和换刀装置就成为数控加工中心机床简称加工中心。数控加工中心机床进一步提高了普通数控机床的自动化程度和生产效率。例如铣、镗、钻加工中心，它是在数控铣床基础上增加了一个容量较大的刀库和自动换刀装置形成的，工件一次装夹后，可以对箱体零件的四面甚至五面大部分加工工序进行铣、镗、钻、扩、铰以及攻螺纹等多工序加工，特别适合箱体类零件的加工。加工中心可以有效地避免由于工件多次安装造成的定位误差，减少了机床的台数和占地面积，缩短了辅助时间，大大提高了生产效率和加工质量。

与普通数控铣床相比，它具有以下几个突出特点。

（1）全封闭防护

所有的加工中心都有防护门，加工时，将防护门关上，能有效防止人身伤害事故。

（2）工序集中，加工连续进行

加工中心通常具有多个进给轴（三轴以上），甚至多个主轴，联动的轴数也较多，如三轴联动、五轴联动、七轴联动等，因此能够自动完成多个平面和多个角度位置的加工，实现复杂零件的高精度加工。在加工中心上一次装夹可以完成铣、镗、钻、扩、铰、攻螺纹等加工，工序高度集中。

（3）使用多把刀具，刀具自动交换

加工中心带有刀库和自动换刀装置，在加工前将需要的刀具先装入刀库，在加工时能够通过程序控制自动更换刀具。

（4）使用多个工作台，工作台自动交换

加工中心上如果带有自动交换工作台，可实现一个工作台在加工的同时，另一个工作台完成工件的装夹，从而大大缩短辅助时间，提高加工效率。

（5）功能强大，趋向复合加工

加工中心可复合车削功能、磨削功能等,如圆工作台可驱动工件高速旋转,刀具只做主运动不进给,完成类似车削加工,这使加工中心有更广泛的加工范围。

(6)高自动化、高精度、高效率

加工中心的主轴转速、进给速度和快速定位精度高,可以通过切削参数的合理选择,充分发挥刀具的切削性能,减少切削时间,且整个加工过程连续,各种辅助动作快,自动化程度高,减少了辅助动作时间和停机时间,因此,加工中心的生产效率很高。

2. 加工中心的分类

加工中心的品种、规格较多,这里仅从结构上对其进行分类。

(1)立式加工中心

立式加工中心指主轴轴线为垂直状态设置的加工中心。其结构形式多为固定立柱式,工作台为长方形,无分度回转功能,适合加工盘、套、板类零件。一般具有三个直线运动坐标,并可在工作台上安装一个水平轴的数控回转台,用以加工螺旋线零件。

立式加工中心装夹工件方便,便于操作,易于观察加工情况,但加工时切屑不易排除,且受立柱高度和换刀装置的限制,不能加工太高的零件。

立式加工中心的结构简单,占地面积小,价格相对较低,应用广泛。

(2)卧式加工中心

卧式加工中心指主轴轴线为水平状态设置的加工中心。通常都带有可进行分度回转运动的工作台。卧式加工中心一般都具有三个至五个运动坐标,常见的是三个直线运动坐标加一个回转运动坐标,它能够使工件在一次装夹后完成除安装面和顶面以外的其余四个面的加工,最适合加工箱体类零件。

卧式加工中心调试程序及试切时不便观察,加工时不便监视,零件装夹和测量不方便,但加工时排屑容易,对加工有利。

与立式加工中心相比,卧式加工中心的结构复杂,占地面积大,价格也较高。

(3)龙门式加工中心

龙门式加工中心的形状与龙门铣床相似,主轴多为垂直设置,除自动换刀装置外,还带有可更换的主轴附件,数控装置的功能也较齐全,能够一机多用,尤其适用于加工大型或形状复杂的零件,如飞机上的梁、框、壁板等。

3. 加工中心上的自动换刀装置

加工中心上的自动换刀装置由刀库和刀具交换装置组成,用于交换主轴与刀库中的刀具或工具。

(1)对自动换刀装置的要求

加工中心对自动换刀装置有如下具体要求:刀库容量适当、换刀时间短、换刀空间小、动作可靠、使用稳定 、刀具重复定位精度高 、刀具识别准确 。

(2)刀库

在加工中心上使用的刀库主要有两种,一种是盘式刀库,一种是链式刀库。盘式刀库(见图 2.1.22)装刀容量相对较小一般在 1~24 把刀具,主要适用于小型加工中心;链式刀库(见图 2.1.23)装刀容量大,一般在 1~100 把刀具,主要适用于大中型加工中心。

图 2.1.22 盘式刀库

图 2.1.23 链式刀库

（3）换刀方式

加工中心的换刀方式一般有两种：机械手换刀和主轴换刀。

①机械手换刀。由刀库选刀，再由机械手完成换刀动作，这是加工中心普遍采用的形式。机床结构不同，机械手的形式及动作均不一样。

②主轴换刀。通过刀库和主轴箱的配合动作来完成换刀，适用于刀库中刀具位置与主轴上刀具位置一致的情况。一般是采用将盘式刀库设置在主轴箱可以运动到的位置，或整个刀库能移动到主轴箱可以到达的位置。换刀时，主轴运动到刀库上的换刀位置，由主轴直接取走或放回刀具。主轴换刀多用于采用 40 号以下刀柄的中小型加工中心。

4. 加工中心的加工对象

加工中心适用于复杂、工序多、精度要求高、需用多种类型普通机床和繁多刀具、工装，经过多次装夹和调整才能完成加工的具有适当批量的零件。其主要加工对象有以下四类：

（1）箱体类零件

箱体类零件是指具有一个以上的孔系，并有较多型腔的零件，这类零件在机械、汽车、飞机等行业应用较多，如汽车的发动机缸体、变速箱体，机床的床头箱、主轴箱，柴油机缸体，齿轮泵壳体等。

箱体类零件在加工中心上加工，一次装夹可以完成普通机床 60%～95% 的工序内容，零件各项精度一致性好，质量稳定，同时可缩短生产周期，降低成本。对于加工工位较多，工作台需多次旋转才能完成的零件，一般选用卧式加工中心；当加工的工位较少，且跨距不大时，可选立式加工中心，从一端进行加工。

（2）复杂曲面

在航空航天、汽车、船舶、国防等领域的产品中，复杂曲面类零件占有较大的比重，如叶轮、螺旋桨、各种曲面成型模具等。就加工的可能性而言，在不出现加工干涉区或加工盲区时，复杂曲面一般可以采用球头铣刀进行二坐标联动加工，这种方法加工精度较高，但效率较低。如果工件存在加工干涉区或加工盲区，就必须考虑采用四坐标或五坐标联动的机床。

（3）异形件

异形件是外形不规则的零件，大多需要点、线、面多工位混合加工，如支架、基座、样板、靠模等。异形件的刚性一般较差，夹压及切削变形难以控制，加工精度也难以保证，这时可充分发挥加工中心工序集中的特点，采用合理的工艺措施，通过一次或两次装夹，完成多道工序或全部的加工内容。

（4）盘、套、板类零件

带有键槽、径向孔或端面有分布孔系以及有曲面的盘套或轴类零件，还有具有较多孔加工的板类零件，适宜采用加工中心加工。端面有分布孔系、曲面的零件宜选用立式加工中心，有径向孔的可选卧式加工中心。

5. 数控铣床/加工中心常用量具

（1）游标卡尺

①游标卡尺的结构。游标卡尺是工业上常用的测量长度的仪器，它由尺身及能在尺身上滑动的游标组成，如图 2.1.24 所示。游标与尺身之间有一弹簧片，利用弹簧片的弹力可使游标与尺身靠紧。游标上部有一紧固螺钉，可将游标固定在尺身上的任意位置。尺身和游标都有量爪，利用内测量爪可以测量槽的宽度和管的内径，利用外测量爪可以测量零件的厚度和管的外径。深度尺与游标尺连在一起，可以测槽和盲孔的深度。

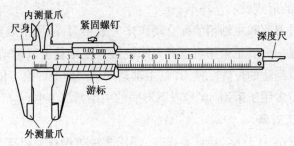

图 2.1.24　游标卡尺

尺身和游标尺上面都有刻度。以准确到 0.1 mm 的游标卡尺为例，尺身上的最小分度是 1 mm，游标尺上有 10 个小的等分刻度，总长 9 mm，每一分度为 0.9 mm，比主尺上的最小分度相差 0.1 mm。量爪并拢时尺身和游标的零刻度线对齐，它们的第一条刻度线相差 0.1 mm，第二条刻度线相差 0.2 mm，以此类推，第 10 条刻度线相差 1 mm，即游标的第 10 条刻度线恰好与主尺的 9 mm 刻度线对齐，如图 2.1.25 所示。

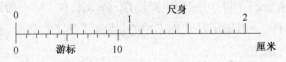

图 2.1.25　游标与尺身

当量爪间所量物体的宽度为 0.1 mm 时，游标尺向右应移动 0.1 mm。这时它的第一条刻度线恰好与尺身的 1 mm 刻度线对齐。同样当游标的第五条刻度线跟尺身的 5 mm 刻度线对齐时，说明两量爪之间有 0.5 mm 的宽度，读数方法依此类推。在测量大于 1 mm 的长度时，整的毫米数要从游标"0"线与尺身相对的刻度线读出。

②游标卡尺的读数。读数时首先以游标零刻度线为准在尺身上读取毫米整数，即以毫米为单位的整数部分。然后看游标上第几条刻度线与尺身的刻度线对齐，如第 6 条刻度线与尺身刻度线对齐，则小数部分即为 0.6 mm（若没有正好对齐的线，则取最接近对齐的线进行读数）。如有零误差，则一律用上述结果减去零误差（零误差为负，相当于加上相同大小的零误

差),读数结果为：

$$L = 整数部分 + 小数部分 - 零误差$$

判断游标上哪条刻度线与尺身刻度线对准,可用下述方法:选定相邻的三条线,如左侧的线在尺身对应线之右,右侧的线在尺身对应线之左,中间那条线便可以认为是对准了,如图 2.1.26 所示。

如果需测量几次取平均值,不需每次都减去零误差,只要从最后结果中减去零误差即可。

③游标卡尺的使用。用软布将量爪擦干净,使其并拢,查看游标和主尺身的零刻度线是否对齐。如果对齐就可以进行测量;如没有对齐则要记取零误差:游标的零刻度线在尺身零刻度线右侧的叫正零误差,在尺身零刻度线左侧的叫负零误差(这种规定方法与数轴的规定方法一致,原点以右为正,原点以左为负)。测量时,右手拿住尺身,大拇指移动游标,左手拿待测外径(或内径)的物体,使待测物位于外测量爪之间,当与量爪紧紧相贴时,即可读数,如图 2.1.27 所示。

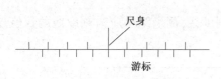

图 2.1.26 游标卡尺的读数

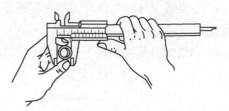

图 2.1.27 游标卡尺的使用

(2)外径千分尺

①外径千分尺结构。外径千分尺简称千分尺是比游标卡尺更精密的长度测量仪器,常见的机械千分尺如图 2.1.28 所示。它的量程为 0~25 mm,分度值是 0.01 mm。由固定的尺架、测砧、测微螺杆、固定套管、微分筒、测力装置、锁紧装置等组成。

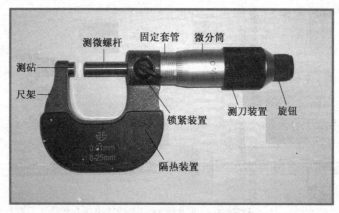

图 2.1.28 外径千分尺结构

②外径千分尺刻度及分度值说明,如图 2.1.29 所示。

a. 固定套管上的水平线上、下各有一列间距为 1 mm 的刻度线,上侧刻度线在下侧两相邻刻度线中间。

b. 微分筒的刻度线是将圆周分为 50 等分的水平线，它是作旋转运动的。

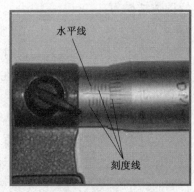

c. 螺旋运动原理，当微分筒旋转一周时，测微螺杆前进或后退一个螺距—0.5 mm。即当微分筒旋转一个分度后，它转过了 1/50 周，这时螺杆沿轴线移动了 $1/50 \times 0.5$ mm = 0.01 mm，因此，使用千分尺可以准确读出 0.01 mm 的数值。

图 2.1.29　外径千分尺刻度

③外径千分尺的读数（见图 2.1.30）。

a. 先以微分筒的端面为准线，读出固定套管下刻度线的分度值。

b. 再以固定套管上的水平横线作为读数准线，读出可动刻度上的分度值，读数时应估读到最小度的十分之一，即 0.001 mm。

c. 如果微分筒的端面与固定刻度的下刻度线之间无上刻度线，测量结果即为下刻度线的数值加可动刻度的值。

d. 如果微分筒端面与下刻度线之间有一条上刻度线，测量结果应为刻度线的数值加上 0.5 mm，再加上可动刻度的值。

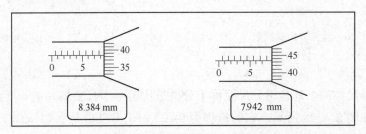

图 2.1.30　外径千分尺读数

④外径千分尺的测量方法（见图 2.1.31）。

步骤一：将被测物擦干净，千分尺使用时轻拿轻放。

步骤二：松开千分尺锁紧装置转动旋钮，使测砧与测微螺杆之间的距离略大于被测物体。

步骤三：一只手拿千分尺的尺架，将待测物置于测砧与测微螺杆的端面之间，另一只手转动旋钮，当螺杆要接近物体时，改旋测力装置直至听到喀喀声后再轻轻转动 0.5~1 圈。

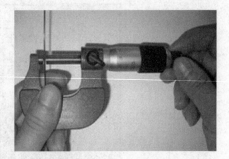

图 2.1.31　测量

步骤四：旋紧锁紧装置（防止移动千分尺时螺杆转动），即可读数。

6. 操作面板及控制面板的操作

（1）操作面板构成及操作

数控系统操作面板由显示屏和 MDI 键盘两部分组成，如图 2.1.32 所示，其中显示屏主要用来显示相关坐标位置、程序、图形、参数、诊断、报警等信息，而 MDI 键盘包括字母键、数字键以及功能按键等,可以进行程序、参数、机床指令的输入及系统功能的选择。

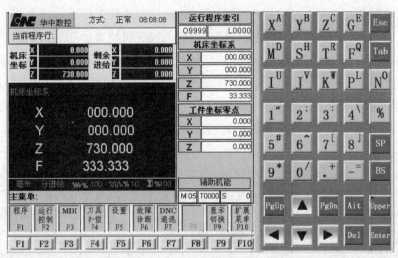

图 2.1.32 数控系统操作面板

按键说明:

①数字键用于输入数字到输入区域。

②字母键用于输入字母到输入区。

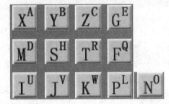

Esc【退出键】 退出当前窗口。

Tab【切换键】

%【百分号键】 主要用于程序号。

SP【空格键】 在编辑方式下用于编辑程序的空格。

BS【向前删除键】 在编辑方式下用于删除程序的字符。

Upper【转换键】 主要用于数字键和字母键的字符转换。

Enter【确认键】 用于确认系统提示及结束一行程序的输入并且行。

Ait【上档键】 上档键结合字母键使用主要用于系统一些快捷方式的操作。

Del【删除键】 主要用于删除当前字符或者在选择程序里删除整个程序。

PgDn【向下翻页】 编辑工作方式中使屏幕显示的页面向下更换。

PgUp【向上翻页】 编辑工作方式中使屏幕显示的页面向上更换。

▲【向上查找】 光标向上移动一行(持续地按此键时可使光标连续向上移动)。

▼【向下查找】 光标向下移动一行(持续地按此键时可使光标连续向下移动)。

▶【向右查找】 光标向左移动一列(持续地按此键时可使光标连续向右移动)。

◀【向左查找】 光标向右移动一列(持续地按此键时可使光标连续向左移动)。

机床控制面板位于数控系统操作面板的下方(见图 2.1.33),主要用于控制机床的运动和选择机床运行状态,由机床操作模式选择旋钮、数控程序运行控制开关等多个部分组成。

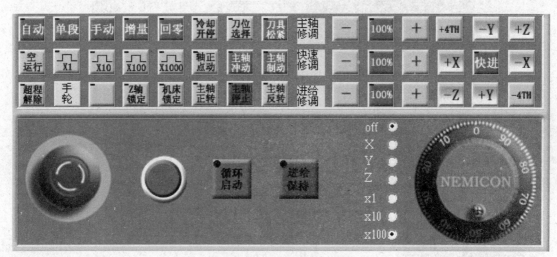

图 2.1.33 机床控制面板

部分按钮说明:

【紧急停止】 用于机床的紧急停止。

【启动】 用于 NC 面板电源的启动。

【循环启动】 用于运行程序及 MDI 程序运行。

【进给保持】 用于程序运行及 MDI 程序运行时的暂停。

【手轮】 在手轮工作方式下,用于移动 X、Y、Z 轴。

【手轮波段开关选择】 在手轮工作方式下,选择移动轴以及移动倍率。

【自动方式】 自动工作方式下,自动连续执行程序,模拟执行程序,运行 MDI 指令。

【单段方式】 单段工作方式下,按下"循环启动",程序走一个程序段就停下来,再按下"循环启动",可控制程序再走一个程序段。

【手动方式】 在手动工作方式下,可进行手动连续进给坐标轴、手动换刀、手动启动与停止切削液、主轴正反转操作。

【增量方式】 在增量工作方式下,定量移动机床坐标轴,移动距离由倍率调整。

【回零】　回零工作方式下，手动返回参考点，建立机床坐标系。

【冷却液开关】　在手动工作方式下，用于冷却液的开、关。

【空运行】　在自动或者 MDI 工作方式下，按此按钮机床处于空运行状态，编程进给速度 F 被忽略，坐标轴以 G00 的速度移动，空运行不做实际切削，目的是确认切削路径。

【增量倍率】　手动工作方式下，控制增量进给的增量值"×1：0.001 mm"，"×10：0.01 mm"，"×100：0.1 mm"，"×1000：1 mm"。

【主轴定向】　如果机床有换刀机构，在手动方式下，按压此按钮，可使主轴停止在某一个固定位置。

【主轴冲动】　在手动方式，按压此按钮下，主电动机以机床参数设定的转速和时间转动一定角度。

【主轴制动】　在手动方式，主轴停止状态下，按压次按钮，主电动机被锁定在当前位置。

【主轴正转】　在手动方式下，按压此按钮，主轴电动机以机床参数设定的转速正转。

【主轴停止】　在手动方式下，按压此按钮，主电动机减速停止。

【主轴反转】　在手动方式下，按压此按钮，主轴电动机以机床参数设定的转速反转。

【Z 轴锁定】　在手动工作方式下，按压此按钮，再在自动/单段/MDI 工作方式下，按【循环启动】，机床 Z 轴坐标位置信息变化，但 Z 轴不运动，X、Y 轴运动。

【机床锁定】　在手动方式下按压此按钮，再在自动/单段/MDI 工作方式下，按【循环启动】，机床各坐标轴坐标位置信息变化，但各坐标轴不做运动。

【超程解除】　当机床超出安全行程时，切断机床伺服强电，机床不能动作，起到保护作用。如果要退出超程状态，需一直按住该按钮，接通伺服电源，在手动方式下，反向手动移动机床坐标轴，使行程开关离开挡块。

【手轮】　按压此按钮机床进入手轮工作方式。

【主轴修调】在自动或 MDI 运行方式下，修调 S 编程的主轴速度，在手动方式下，调节手动时的主轴速度。

【快速修调】　在自动或 MDI 运行方式下，修调 G00 的速度，在手动方式下，调节手动连续快移速度。

【进给修调】在自动或 MDI 运行方式下，修调进给速度，在手动方式下，调节手动连续进给速率。

【轴手动键】在手动方式下，选择坐标轴和进给方向，在手动连续进给时，如果同时按压快进按钮，则产生相应轴的正向或负向的快速移动。

（2）返回参考点

按一下（指示灯亮），系统处于手动回零点方式，可手动返回零点（下面以 X 轴回零点为例说明）：根据 X 轴"回零点方向"参数的设置，按一下（"回零点方向"为"+"）按钮，X 轴将以"回零点快移速度"参数设定的速度快进;回零点结束,此时 **X** 按钮内的指示灯亮。用同样的操作方法使用 **+Y**、**+Z** 按钮,可以使 Y 轴、Z 轴回到零点。

> **注意:**
>
> 在每次电源接通后,必须先用这种方法完成各轴的返回零点操作,然后再进入其他运行方式,以确保各轴坐标的正确性。

(3)手动移动机床

①手动进给:按一下 **手动** 按钮(指示灯亮),系统处于手动运行方式,可手动移动机床坐标轴(下面以手动移动 X 轴为例说明):按压 **+X** 或 **-X** 按钮(指示灯亮),X 轴将产生正向或负向连续移动;松开 **+X** 或 **-X** 按钮(指示灯灭),X 轴即减速停止。用同样的操作方法使用 **+Y**、**-Y**、**+Z**、**-Z** 按钮,可以使 Y 轴、Z 轴产生正向或负向连续移动。同时按压多个相容的轴手动按钮,每次能手动连续移动多个坐标轴。在手动连续进给时,若按压 **快进** 按钮,则产生相应轴的正向或负向快速运动。

②增量进给:按一下控制面板上的 **增量** 按钮(指示灯亮),系统处于增量进给方式,可增量移动机床坐标轴(下面以增量进给 X 轴为例说明):按一下 **+X** 或 **-X** 按钮(指示灯亮),X 轴将向正向或负向移动一个增量值;再按一下 **+X** 或 **-X** 按钮,X 轴将向正向或负向继续移动一个增量值。用同样的操作方法使用 **+Y**、**-Y**、**+Z**、**-Z** 按钮,可以使 Y 轴、Z 轴向正向或负向移动一个增量值。

③手轮进给:按 **手轮** 钮进入手轮工作方式,手轮的坐标轴选择置于 **X** ◉ 挡;手动顺时针或逆时针旋转手摇脉冲发生器一格,X 轴将向正向或负向移动一个增量值。用同样的操作方法使用手轮,可以使 Y 轴、Z 轴向正向或负向移动一个增量值。手摇进给方式每次只能增量进给 1 个坐标轴。手轮进给的增量值(手轮每转一格的移动量)由手持单元的增量倍率波段开关 **x1** ◉、**x10** ◉、**x100** ◉ 控制。

(4)开关主轴

①使机床处在 **手动**、**增量** 或者 **手轮** 方式下。

②按 **主轴正转**、**主轴停止** 或者 **主轴反转** 按钮,开关机床主轴。

③MDI 运行在主菜单下,按【F3】后,LCD 页面进入 MDI 方式显示画面(见图 2.1.34),输入相关字符,按 **Enter** 确认,在机床控制面板按 **自动** 后,在按 **循环启动** 进行 MDI 运行,或者在机床控制面板按 **单段** 后,再连续按压 **循环启动** 进行 MDI 运行。

(5)操作示例

以华中 HNC-21M/22M 数控铣床为例,手动操作铣削图 2.1.35 所示零件。

操作方法步骤:

①开机。

②机床回零。

③装刀,刀具直径 10 mm。

④按下"主轴正转"按钮,使主轴旋转。

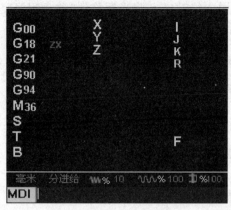

图 2.1.34 MDI 界面

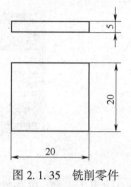

图 2.1.35 铣削零件

⑤按下"增量"按钮,工作状态指示灯亮,使操作系统处于手轮进给的工作方式。

⑥通过切换轴控制旋扭位置,实现 X 轴的进给,使用手摇轮使 X 轴实现负向进给,即"-X"。

⑦通过切换轴控制旋扭位置,实现 Y 轴的进给,使用手摇轮使 Y 轴实现负向进给,即"-Y"。通过 4、5、6、7 步骤的操作使其刀具位于零件的外面,即寻找安全的下刀点。

⑧通过切换轴控制旋扭位置,实现 Z 轴的进给。使用手摇轮使 Z 轴实现负向进给,即"-Z"。并使 Z 轴进给到切削深度。

⑨通过切换轴控制旋扭位置,实现 X 轴的负向进给,通过切换轴控制旋扭位置,实现 Y 轴的负向进给,这时通过 X 轴和 Y 轴的移动使刀具切削到零件,此时通过"相对坐标值清零"功能输入"X0Y0Z0",机床就会记忆这点的位置为 X=0,Y=0,Z=0。

⑩通过切换轴控制旋扭位置,实现 Y 轴的正向进给,此时时刻要注意"相对坐标值清零"界面下的 Y 轴坐标值的变化,当 Y 轴坐标值显示为 30 时即"Y30",停止 Y 轴的正向进给。

⑪通过切换轴控制旋扭位置,实现 X 轴的正向进给,此时时刻要注意"相对坐标值清零"界面下的 X 轴坐标值的变化,当 X 轴坐标值显示为 30 时即"X30",停止 X 轴的正向进给。

⑫通过切换轴控制旋扭位置,实现 Y 轴的负向进给,此时时刻要注意"相对坐标值清零"界面下的 Y 轴坐标值的变化,当 Y 轴坐标值显示为 0 时即"Y0",停止 Y 轴的正向进给。

⑬通过切换轴控制旋扭位置,实现 X 轴的负向进给,此时时刻要注意"相对坐标值清零"界面下的 X 轴坐标值的变化,当 X 轴坐标值显示为 0 时即"X0",停止 X 轴的正向进给。

⑭通过切换轴控制旋扭位置,实现 Z 轴的正向进给,即使 Z 轴抬刀,至安全高度。

⑮按下【主轴停止】按钮,使主轴停止。

⑯测量工件。

(6)数控程序处理

选择编辑数控程序。

①选择磁盘程序。

按下 显示方式F9 按钮,根据弹出的菜单按下【F1】键,选择"显示模式",根据弹出的下一级子菜单再按下【F1】键,选择"正文"。

按下 程序编辑F2 按钮,进入程序编辑状态。在弹出的下级子菜单中,按下 选择编辑源程序F2 按钮,弹出菜单"磁

盘程序;当前通道正在加工的程序",按下【F1】键或用方位键 ▲ ▼ 将光标移到"磁盘程序"上,
再按 Enter 确认,则选择了"磁盘程序",弹出图2.1.36所示的对话框。

图2.1.36　磁盘程序

点击控制面板上的 Tab ,使光标在各 text 框和命令按钮间切换。按 Enter 后可输入所需的文件
名,再按 Enter 确认所选程序。

②选择当前正在加工的程序。

按下 显示方式 F9 ,根据弹出的菜单按下【F1】键,选择"显示模式",根据弹出的下级子菜单再按
【F1】,选择"正文"。

按下 程序编辑 F2 ,进入程序编辑状态。在弹出的下级子菜单中,按下 选择编辑 F2 ,弹出菜单"磁盘程序;当
前通道正在加工的程序"。

按下【F2】或用方位键 ▲ ▼ 将光标移到"当前通道正在加工的程序"上,再按 Enter 确认,则选
择了"当前通道正在加工的程序",此时 CRT 界面上显示当前正在加工的程序。

③新建一个数控程序。

若要创建一个新的程序,则在"选择编辑程序"的菜单中选择"磁盘程序",在文件名栏输
入新程序名,按 Enter 即可,此时 CRT 界面上显示一个空文件,可通过 MDI 键盘输入所需程序。

程序编辑:选择了一个需要编辑的程序后,在"正文"显示模式下,可根据需要对程序进行
"插入""删除""查找替换"等编辑操作。

移动光标:选定了需要编辑的程序后,光标停留在程序首行首字符前,点击方位键
▲ ▼ ◀ ▶ ,使光标移动到所需的位置。

插入字符:将光标移到所需位置,点击控制面板上的 MDI 键盘,可将所需的字符插在光标
所在位置。

删除字符:在光标停留处,点击 BS 按钮,可删除光标前的一个字符;点击 Del 按钮,可删除光
标后的一个字符;按下 删除一行 F6 ,可删除当前光标所在行。

查找:按下 查找 F7 ,在弹出的对话框中通过 MDI 键盘输入所需查找的字符,按 Enter 确认,立即开
始进行查找。

替换:按下 替换 F9 ,在弹出的对话框中输入需要被替换的字符,按 Enter 确认,在弹出的对话框中
输入需要替换成的字符,按 Enter 确认。

保存程序:编辑好的程序需要进行保存或另存为操作,以便再次调用。

保存文件:对数控程序作了修改后,软键"保存文件"变亮,按下 保存文件 F4 ,将程序按原文件名,

原文件类型,原路径保存。

另存为文件:按下 ，在弹出的图 2.1.37 所示的对话框中,按 确定后,此程序按输入的文件名,文件类型,及路径进行保存。

图 2.1.37　保存程序

程序管理:按下 ，可在弹出的菜单中选择对文件进行新建目录,更改文件名,删除文件,拷贝文件的操作。

新建目录:按下 ，根据弹出的菜单,按【F1】,选择“新建目录”,在弹出的对话框中输入所需新建的目录名。

更改文件名:按下 ，根据弹出的菜单,按【F2】,选择“更改文件名”,弹出图 2.1.38 所示的对话框。

按 可输入所需更改的文件名,输入完成后按 确认。

拷贝文件:按下 ，根据弹出的菜单,按【F3】,选择“拷贝文件”在弹出的对话框中输入所需拷贝的源文件名,按 确认,在接着弹出的对话框中,输入要拷贝的目标文件名,按 确认,即完成拷贝文件。

删除文件:按下 ，根据弹出的菜单,按【F4】,选择“删除文件”在弹出的对话框中输入所需删除的文件名,按 确认,弹出图 2.1.39 所示的对话框,按 确认;按 取消。

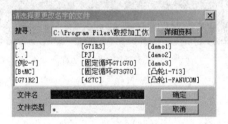 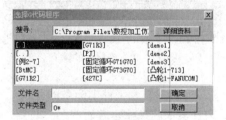

图 2.1.38　更改文件名　　　　　图 2.1.39　删除文件

程序校验:程序的校验是用于对调入到加工缓冲区的加工程序进行校验,并提示可能出现的错误。以前未在机床上运行的新程序在调入后应该先进行校验运行,正确无误后再启动自动运行模式进行加工。

程序校验运行的操作步骤如下。

a. 首先调入要校验的程序。

b. 按下机床控制面板的“自动”按钮,进入程序运行方式。

c. 在程序运行子菜单下,按下【F3】键,机床操作界面的工作方式则显示为“校验运行”。

d. 按下机床面板上的【循环启动】按钮,程序开始校验。

e. 如果程序正确,校验完成后,光标会自动返回到程序开头。而且机床操作界面的工作方式显示为"自动";如果程序有错误,命令行会提示程序的哪一行有错误。

注意:

校验运行时,机床不动作。为了确保加工程序正确无误,需要选择不同的图形显示方式来观察校验运行的结果。

(7)坐标系的建立

在主菜单下按 ![设置 F5] 进入下一级菜单,按 ![坐标系 设定 F1] 后,LCD 页面进入坐标系设置显示画面(见图 2.1.40),在菜单上选择要设置的坐标系,然后将显示画面中 X、Y、Z 值输入,按 ![Enter]确认

(8)坐标位置显示

在主菜单下,按压 ![显示 切换 F9] 直到 LCD 页面出现坐标位置显示画面(见图 2.1.41),其中包括工件坐标位置、相对坐标位置、机床坐标位置、剩余进给。

图 2.1.40　坐标系的建立

图 2.1.41　坐标位置

(9)刀具参数及工件坐标系的登录

刀具数据的操作步骤如下。

①在 MDI 功能子菜单下按【F2】键, 进行刀具设置。图形显示窗口将出现刀具数据,如图 2.1.42所示。

②用▲、▼、【Pgup】、【Pgdn】移动蓝色亮条选择要编辑的选项。

③按【Enter】键,蓝色亮条所指刀具数据的颜色和背景都发生变化,同时有一光标在闪烁。

④用【BS】、【Del】键进行编辑修改。

⑤修改完毕,按【Enter】键确认。

⑥若输入正确,图形显示窗口相应位置将显示修改过的值否则原值不变。

MDI 输入坐标系数据的操作步骤如下:

①在 MDI 功能子菜单下按【F3】键, 进入坐标系手动数据输入方式, 图形显示窗口首先

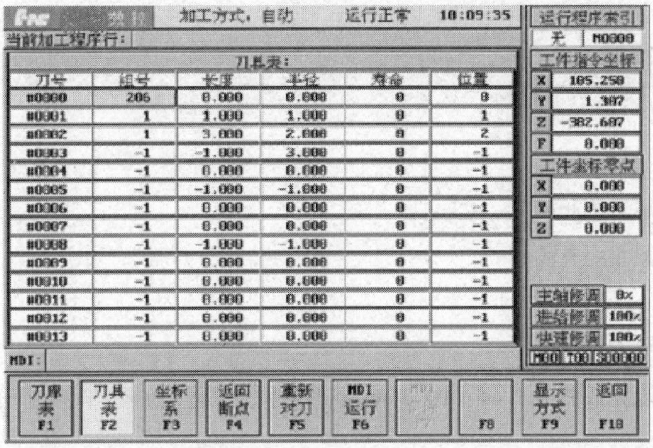

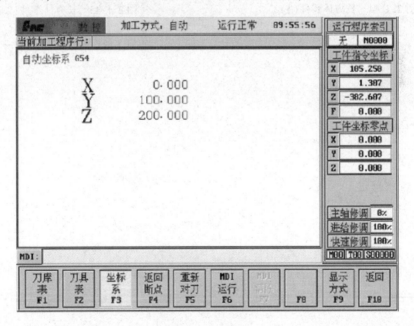

图 2.1.42　刀具参数

显示 G54 坐标系数据。

②按【Pgdn】或【Pgup】键,选择要输入的数据类型"G55、G56、G57 、G58 、G59 "坐标系,当前工件坐标系的偏置值(坐标系零点相对于机床零点的值) 或当前相对值零点。

③在命令行输入所需数据,如输入"X200、Y300" 并按【 Enter】键(见图 2.1.43),将设置 G54 坐标系的"X" 及"Y"偏置分别为"200、300"。

④若输入正确,图形显示窗口相应位置将显示修改过的值,否则原值不变。

图 2.1.43　偏置

注意:

编辑的过程中在按【 Enter】键之前, 按【Esc】键可退出编辑 ,但输入的数据将丢失 ,系统将保持原值不变。

思考与练习

一、问答题

1. 加工中心的特点是什么？

2. 加工中心刀库主要有哪些？

3. 加工中心加工对象主要有哪些？

二、操作练习

1. 平口虎钳的安装。

2. 利用手动操作功能完成图 2.1.44、图 2.1.45 零件的铣削，并用游标卡尺和千分尺分别测量。

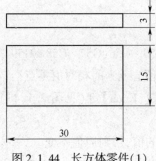

图 2.1.44　长方体零件(1)

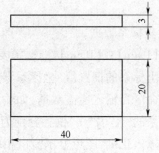

图 2.1.45　长方体零件(2)

模块二 数控铣削操作及编程

课题一　数控铣削手动操作功能

在数控编程时,为了描述机床的运动,简化程序编制的方法及保证纪录数据的互换性,GB/T 19660—2005 规定了数控机床的坐标系和运动方向的命名方法。通过这一部分的学习,能够掌握机床坐标系、编程坐标系、加工坐标系的概念,具备实际动手设置机床加工坐标系及对刀的能力。

 学习目标

1. 掌握数控铣削机床坐标系和工件坐标系的概念。
2. 掌握数控机床的面板操作。
3. 掌握数控铣削常用的对刀方法。

 相关知识

1. 数控机床坐标系

(1)机床原点的设置

机床原点是指在机床上设置的一个固定点,即机床坐标系的原点。它在机床装配、调试时就已确定下来,是数控机床进行加工运动的基准参考点。在数控铣床上,机床原点一般取在 X、Y、Z 坐标的正方向极限位置上。

(2)机床参考点

机床参考点是用于对机床运动进行检测和控制的固定位置点。机床参考点的位置是由机床制造厂家在每个进给轴上用限位开关精确调整好的,坐标值已输入数控系统中。因此参考点对机床原点的坐标值是一个已知数。

通常在数控铣床上机床原点和机床参考点是重合的;数控机床开机时,必须先确定机床原点,而确定机床原点的运动就是返回参考点的操作,这样通过确认参考点,就确定了机床原点。只有机床参考点被确认后,刀具(或工作台)移动才有基准。

(3)机床坐标系的确定

在机床上,我们始终认为工件是静止的,而刀具是运动的。这样编程人员在不考虑机床上工件与刀具具体运动的情况下,就可以依据零件图样,确定机床的加工过程。

在数控机床上,机床的动作是由数控装置来控制的,为了确定数控机床上的成形运动和辅助运动,必须先确定机床上运动的位移和运动的方向,这就需要通过坐标系来实现,这个坐标系被称之为机床坐标系。机床坐标系中 X、Y、Z 坐标轴的相互关系用右手笛卡儿直角坐标系决定:

①伸出右手的大拇指、食指和中指,并互为 90°。大拇指代表 X 坐标,食指代表 Y 坐标,中指代表 Z 坐标。

②大拇指的指向为 X 坐标的正方向,食指的指向为 Y 坐标的正方向,中指的指向为 Z 坐标的正方向。

③围绕 X、Y、Z 坐标旋转的旋转坐标分别用 A、B、C 表示,根据右手螺旋定则,大拇指的指向为 X、Y、Z 坐标中任意轴的正向,则其余四指的旋转方向即为旋转坐标 A、B、C 的正向,如图 2.2.1所示。

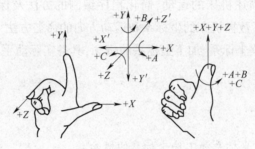

图 2.2.1 机床坐标系

机床坐标轴的方向取决于机床的类型和各组成部分的布局,对铣床而言:Z 轴与主轴轴线重合,刀具远离工件的方向为正方向($+Z$);X 轴垂直于 Z 轴并平行于工件的装夹面,如果为单立柱铣床,面对刀具主轴向立柱方向看向右运动的方向为 X 轴的正方向($+X$);Y 轴与 X 轴和 Z 轴一起构成遵循右手定则的坐标系统。

2. 工件坐标系和编程原点的设定原则

编程原点,是编程人员在编程中定义在工件上的几何基准点,也称编程零点、工件原点。即在数控加工时刀具相对于工件运动的起点,所以也称对刀点。

工件坐标系又称编程坐标系,是以编程零点为原点的坐标系,是编程人员根据零件图样及加工工艺等建立的坐标系。

编程原点可以视工件的情况而设定,一旦确定,在编程时,就要以此点来计算坐标值。从理论上讲,编程原点可以选择在工件上的任何一点,但实际上为了换算尺寸简便,减少计算误差,应选择一个合理的编程原点。编程人员在确定编程原点时,一般要遵循如下原则:

①所选的原点应便于数学计算,以利于编程。

②应选在工件的对称中心上,以简化编程。

③应选在容易找正、在加工过程中便于检查的位置上。

④应尽可能选在零件的设计基准或工艺基准上,以使加工引起的误差最小。

3. 对刀点和换刀点的确定

在编程时,应正确地选择"对刀点"和"换刀点"的位置。"对刀点"就是在数控机床上加工零件时,刀具相对于工件运动的起点。由于程序段从该点开始执行,所以对刀点又称为"程序起点"或"起刀点"。对刀点可选在工件上,也可选在工件外面(如选在夹具上或机床上)。但必须与零件的定位基准有一定的关系,这样才能确定机床坐标系与工件坐标系的关系。

当对刀精度要求不高时,可直接选用零件上或夹具上的某些表面作为对刀面。

当对刀精度要求较高时,对刀点应尽量选在零件的设计基准或工艺基准上。如以孔定位的工件,可选孔的中心作为对刀点。刀具的位置则以此孔来找正,使"刀位点"与"对刀点"重合。所谓"刀位点"是指车刀、镗刀的刀尖、钻头的钻尖、立铣刀、端铣刀刀头底面的中心,球头铣刀的球头中心。

对刀点即是程序的起点又是程序的终点。因此在成批生产中要考虑对刀点的重复精度,该精度可用对刀点相距机床原点的坐标值(x_0,y_0)来校核。

加工过程中需要换刀时,应规定换刀点。所谓"换刀点"是指刀架转位换刀时的位置。该点可以是某一固定点(如加工中心机床,其换刀机械手的位置是固定的),也可以是任意的一点(如车床)。换刀点应设在工件或夹具的外部,以刀架转位时不碰工件及其他部件为准。其设定值可用实际测量方法或计算确定。

 操作实训

在加工程序执行前,调整每把刀的刀位点,使其尽量重合于某一理想基准点,这一过程称为对刀。对刀的目的是通过刀具或对刀工具确定工件坐标系与机床坐标系之间的空间位置关系,并将对刀数据输入到相应的存储位置。它是数控加工中最重要的工作内容,其准确性将直接影响零件的加工精度。进行对刀操作分别要在 X 、Y 和 Z 向对刀。

(1)对刀工具

①寻边器。寻边器主要用于确定工件坐标系原点在机床坐标系中的 X、Y 值,也可以测量工件的简单尺寸。寻边器有偏心式和光电式等类型(见图 2.2.2),其中以光电式较为常用。光电式寻边器的测头一般为 10 mm 的钢球,用弹簧拉紧光电式寻边器的测杆。

②Z 轴设定器。Z 轴设定器(见图 2.2.3)主要用于确定工件坐标系原点在机床坐标系的 Z 轴坐标,或者说是确定刀具在机床坐标系中的高度。Z 轴设定器有光电式和指针式等类型,通过光电指示或指针判断刀具与对刀器是否接触,对刀精度一般可达 0.005 mm。Z 轴设定器带有磁性表座,可以牢固地附着在工件或夹具上,其高度一般为 50 mm 或 100 mm。

(a)偏心式寻边器 　　　　(b)光电式寻边器

图 2.2.2　寻边器

图 2.2.3　Z 轴设定器

(2)对刀方法

根据现有条件和加工精度要求选择对刀方法,可采用试切法、寻边器对刀、机内对刀仪对刀、自动对刀等。其中试切法对刀精度较低,加工中常用寻边器和 Z 向设定器对刀,采用这种

方法效率高,能保证对刀精度。采用寻边器对刀,其详细步骤如下:

①X、Y 向对刀。

a. 将工件通过夹具装在机床工作台上,装夹时工件的四个侧面都应留出寻边器的测量位置。

b. 快速移动工作台和主轴,让寻边器测头靠近工件的左侧。

c. 改用微调操作,让测头慢慢接触到工件左侧,直到寻边器发光,记下此时机床坐标系中的 X 坐标值,如-310.300;

d. 抬起寻边器至工件上表面之上,快速移动工作台和主轴,让测头靠近工件右侧。

e. 改用微调操作,让测头慢慢接触到工件左侧,直到寻边器发光,记下此时机械坐标系中的 X 坐标值,如-200.300。

f. 若测头直径为 10 mm,则工件长度为 -200.300-(-310.300)-10=100,据此可得工件坐标系原点 W 在机床坐标系中的 X 坐标值为 -310.300+100/2+5 = -255.300;

g. 同理可测得工件坐标系原点 W 在机械坐标系中的 Y 坐标值。

②Z 向对刀。

a. 卸下寻边器,将所用刀具装上主轴。

b. 将 Z 轴设定器(或固定高度的对刀块,以下同)放置在工件上平面上。

c. 快速移动主轴,让刀具端面靠近 Z 轴设定器上表面。

d. 改用微调操作,让刀具端面慢慢接触到 Z 轴设定器上表面,直到其指针指示到零位。

e. 记下此时机床坐标系中的 Z 值,如-250.800。

f. 若 Z 轴设定器的高度为 50 mm,则工件坐标系原点 W 在机械坐标系中的 Z 坐标值为 -250.800-50-(30-20)=-310.800。

③将测得的 X、Y、Z 值输入到机床工件坐标系存储地址中(一般使用 G54～G59 代码存储对刀参数)。

注意:

根据加工要求采用正确的对刀工具,控制对刀误差;在对刀过程中,可通过改变微调进给量来提高对刀精度;对刀时需小心谨慎操作,尤其要注意移动方向,避免发生碰撞危险;对刀数据一定要存入与程序对应的存储地址中,防止因调用错误而产生严重后果。

④刀具补偿值的输入和修改。

根据刀具的实际尺寸和位置,将刀具半径补偿值和刀具长度补偿值输入到与程序对应的存储位置。

需要注意的是补偿的数据正确性、符号正确性及数据所在地址正确性都将威胁到加工,从而导致撞车危险或加工报废。

 思考与练习

一、问答题

1. 简述数控铣床机床坐标系的概念。

2. 简述数控铣床工件坐标系的概念。

3. 简述工件坐标系确定原则。

4. 简述右手笛卡儿坐标系的概念。

二、操作练习

1. 熟悉数控铣削的控制面板操作。

2. 熟悉有关数控程序处理的一系列操作。

3. 进行编程零点设定在工件上表面的对称中心上时的对刀练习。

课题二　数控铣削基础编程

数控编程是以数控加工中的编程方法作为研究对象的一门加工技术,它以机械加工中的工艺和编程理论为基础,针对数控机床的特点,综合运用相关的知识来解决数控加工中的工艺问题和编程问题。通过对该课题的学习,能够熟练掌握数控铣削基础程序的编制方法和加工技能。

 ## 学习目标

1. 掌握数控程序的构成。

2. 掌握数控编程常用代码格式。

3. 掌握有关数控编程的工艺知识。

4. 掌握直线加工、圆弧加工、孔加工的编程与操作。

 ## 相关知识

1. 数控程序的概念

具体地说,数控编程是指根据被加工零件的图纸和技术要求、工艺要求,将零件加工的工艺顺序、工序内的工步安排、刀具相对于工件运动的轨迹与方向、工艺参数及辅助动作主轴起停、正反转、冷却泵开闭、刀具夹紧等,用数控系统所规定的规则、代码和格式编制成文件,并将程序单的信息制作成控制介质的整个过程。简而言之即数控编程是按照数控装置的规定,用专用编程语言书写的一系列指令代码,从而转化为对机床的控制动作。

2. 数控程序的编制方法

数控程序的编制方法主要有两种:手工编制程序(手工编程)和自动编制程序(自动编程)。

(1)手工编程

手工编程概念:整个编程过程由人工完成,对编程人员的要求高(不仅要熟悉数控代码和编程规则,而且必须具备机械加工工艺知识和数值计算能力)

手工编程的特点:耗费时间较长,容易出现错误,无法胜任复杂零件的编程。据资料统计,采用手工编程时,一段程序的编写时间与其在机床上运行加工的实际时间之比,平均约为30:1,而数控机床不能开动的原因中有 20%~30% 是由于加工程序编制困难,编程时间较长所致。手工编程适用于几何形状不太复杂的零件。

手工编程的内容和步骤,如图 2.2.4 所示。

（2）自动编程

自动编程（Automatic Programing）概念：即计算机辅助编程（Computer Aided Programing），使用计算机进行数控机床程序编制工作，即是由计算机自动地进行数值计算，编写零件加工程序单，自动地打印输出加工程序单，并将程序记录到穿孔纸带上或其他的数控介质上。目前常用的 CAD/CAM 编程软件有 MasterCAM、UGS、Cimatron、CAXA2006 等。

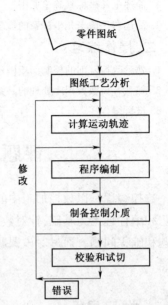

图 2.2.4　手工编程的内容和步骤

自动编程主要处理过程：分析零件图样，确定加工工艺；几何造型；对几何图形进行定义；输入必需的工艺参数；刀具走刀路线的产生；后置处理；自动生成数控程序；程序输出。

与手工编程相比，自动编程速度快，质量好，这是因为自动编程具有以下主要特点。

①数字处理能力强：对复杂零件，特别是空间曲面零件，以及几何要素虽不复杂但程序量很大的零件，计算相当繁琐，采用手工程序编制是难以完成的。采用自动编程既快速又准确。功能较强的自动编程系统还能处理手工编程难以加工的二次曲面和特种曲面。

②能快速、自动生成数控程序：在完成计算刀具运动轨迹之后，后置处理程序能在极短的时间内自动生成数控程序，且数控程序不会出现语法错误。

③后置处理程序灵活多变：同一个零件在不同的数控机床上加工，由于数控系统的指令形式不尽相同，机床的辅助功能也不一样，伺服系统的特性也有差别，因此，数控程序也应该是不一样的。但前置处理过程中，大量的数学处理，轨迹计算却是一致的。这就是说，前置处理可以通用化，只要稍微改变一下后置处理程序，就能自动生成适用于不同数控机床的数控程序来。对于不同的数控机床，取用不同的后置处理程序，等于完成了一个新的自动编程系统，极大的扩展了自动编程系统的使用范围。

④程序自检、纠错能力强：采用自动编程，程序有错主要是原始数据不正确而导致刀具运动轨迹有误，或刀具与工件干涉，相撞等。但自动编程能够借助于计算机在屏幕上对数控程序进行动态模拟，连续、逼真的显示刀具加工轨迹和零件加工轮廓，发现问题及时修改，快速又方便。现在，往往在前置处理阶段，计算出刀具运动轨迹以后立即进行动态模拟检查，确定无误以后再进入后置处理，编写出正确的数控程序来。

⑤便于实现与数控系统的通信：自动编程系统可以利用计算机和数控系统的通信接口，实现编程系统和数控系统的通信。编程系统可以把自动生成的数控程序经通信接口直接输入数控系统，控制数控机床加工，无需再制备穿孔纸带等控制介质，而且可以做到边输入，边加工，不必忧虑数控系统内存不够大，免除了将数控程序分段。自动编程的通信功能进一步提高了编成效率缩短了生产周期。

自动编程适用于：①形状复杂的零件。②虽不复杂但编程工作量很大的零件（如有数千个孔的零件)。③虽不复杂但计算工作量大的零件(如轮廓加工时,非圆曲线的计算)。

3. 数控程序的结构

程序是由程序段(Block)所组成,每个程序段是由字(Word)和";"所组成。而字是由地址符和数值所构成的,如:"X"(地址符)"100.0"(数值),"Y"(地址符)"50.0"(数值)。程序由程序号、程序段号、准备功能、尺寸字、进给速度、主轴功能、刀具功能、辅助功能、刀补功能等构成的。

一个完整的程序由程序号、程序的内容和程序结束三部分组成。

例如:

O00001　　　　　　　　　　　　　　　　　　　程序号

N10 G92 X40 Y30;

N20 G90 G00 X28 T01 S800 M03;

N30 G01 X-8 Y8 F200;　　　　　　　　　　程序内容

N40 X0 Y0;

N50 X28 Y30;

N60 G00 X40;

N70 M30;　　　　　　　　　　　　　　　　　程序结束

程序号;在程序的开头要有程序号,以便进行程序检索。程序号就是给零件加工程序一个编号,并说明该零件加工程序开始。如华中数控系统中,一般采用英文字母 O 及其后 4 位十进制数表示("O××××")程序号,4 位数中若前面为 0,则可以省略,如"O0101"等效于"O101"。而其他系统有时也采用符号"%"或"P"及其后 4 位十进制数表示程序号。

程序内容:程序内容部分是整个程序的核心,它由许多程序段组成,每个程序段由一个或多个指令构成,它表示数控机床要完成的全部动作。

程序结束: 程序结束是以程序结束指令 M02、M30 或 M99(子程序结束),作为程序结束的符号,用来结束零件加工。程序结束的标记符,一般与程序起始符相同。

图 2.2.5 所示是一个数控程序结构的详细示意图。

一般情况下,一个基本的数控程序由以下几个部分组成:

(1)程序起始符。一般为"%"、"O"等,不同的数控机床起始符可能不同,应根据具体的数控机床说明使用。程序起始符单列一行。

(2)程序名。CNC 装置可以装入许多文件,以磁盘文件的方式读写。本系统通过调用文件名来调用程序,进行加工或编辑。文件名格式为(有别于 DOS 的其他文件名)O××××(地址后面必须有四位数字或字母)。主程序、子程序必须放在同一个文件名下。注意:程序名具体采用何种形式由数控系统决定。

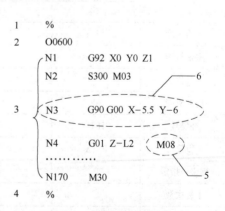

图 2.2.5　数控程序的结构

1—起始符;2—程序名;3—程序主体;

4—程序结束符;5—功能字;6—程序段

（3）程序主体。零件的加工程序是由许多程序段组成的,每个程序段由程序段号、若干个数据字和程序段结束字符组成,每个数据字是控制系统的具体指令,它是由地址符、特殊文字和数字集合而成,它代表机床的一个位置或一个动作。程序段格式是指一个程序段中字、字符和数据的书写规则。目前国内外广泛采用字-地址可变程序段格式。每个程序段又由若干个程序字（Word）组成,每个程序字表示一个功能指令,因此又称为功能字,它由字首及随后的若干个数字组成（如 X100）。字首是一个英文字母,称为字的地址,它决定了字的功能类别。一般字的长度和顺序不固定。具体由以下部分组成:

①程序段序号（简称顺序号）:用以识别程序段的编号。用地址码 N 和后面的若干位数字来表示。如 N20 表示该语句的语句号为 20。

②准备功能 G 指令:是使数控机床作某种动作的指令,用地址 G 和两位数字所组成,从 G00~G99 共 100 种。G 功能的代号已标准化。

③坐标字:由坐标地址符（如 X、Y 等）、"+"、"-"符号及绝对值（或增量）的数值组成,且按一定的顺序进行排列。坐标字的"+"可省略。

在数控系统中常用的指令字符如表 2.2.1 所示。

表 2.2.1　数控系统中常用的指令字符

机　能	地　址	意　义
零件程序号	%	程序编号:%0001~9999
程序段号	N	程序段编号:N0000~N4294967295
准备机能	G	指令动作方式（直线、圆弧等）G01~104
尺寸字	X Y Z A B C U V W	坐标轴的移动指令:-99999999~+99999999
	R	圆弧半径
	I J K	圆心相对起点的坐标
进给速度	F	进给速度的指定:F0~36000
主轴机能	S	主轴旋转速度的指定:S0~9999
刀具机能	T	刀具编号的指定:T0~99
辅助机能	M	机床侧开（关）控制的指定:M00~99
补偿号	H D	刀具补偿号的指定:00~99
暂停	P X	暂停时间的指定:单位为秒
程序号指定	P	子程序号的指定:P1~4294967295
重复次数	L	子程序的重复次数
参数	R P F Q I J K	固定循环的参数

4. 数控程序常用代码表

（1）准备功能 G 代码

准备功能 G 指令由 G 后一或后二位数值组成,用来规定刀具和工件的相对运动轨迹,机床坐标系,坐标平面,刀具补偿,坐标偏置等多种加工操作。

华中世纪星 HNC-21M 数控装置 G 功能指令见表 2.2.2。

表 2.2.2　HNC-21M 数控装置 G 功能指令

G 代码	组别	功　能
G00		快速定位
▲G01	01	直线插补
G02		顺(时针)圆弧插补
G03		逆(时针)圆弧插补
G04	00	暂停
▲G17		X—Y 平面设定
G18	02	X—Z 平面设定
G19		Y—Z 平面设定
G20	06	英制单位输入
▲G21		公制单位输入
G28	00	经参考点返回机床原点
G29		由参考点返回
G40		刀具半径补偿取消
G41	07	刀具半径左补偿
G42		刀具半径右补偿
G43		正向长度补偿
G44	08	负向长度补偿
▲G49		长度补偿取消
G52	00	局部坐标系设定
G54		第一工作坐标系
G55		第二工作坐标系
G56	14	第三工作坐标系
G57		第四工作坐标系
G58		第五工作坐标系
G59		第六工作坐标系
G73		分级进给钻削循环
G74	09	反攻螺纹循环
▲G80		固定循环注销
G81~G89		钻、攻螺纹、镗孔固定循环
▲G90	03	绝对值编程
G91		增量值编程
G92	00	工件坐标系设定
G98	10	固定循环退回起始点
G99		固定循环退回 R 点

注意：

①4TH 指的是 X,Y,Z 之外的第四轴,可用 A,B,C 等命名。

②00 组中的 G 代码是非模态的,其他组的 G 代码是模态的。

③▲标记为默认值。上电时将被初始化为该功能。

G 功能有非模态 G 功能和模态 G 功能之分。

模态 G 功能:一组可相互注销的 G 功能,这些功能一旦被执行,则一直有效,直到被同一组的 G 功能注销为止。模态 G 功能组中包含一个缺省 G 功能(表2.2.2 中有▲标记者),没有共同参数的不同组 G 代码可以放在同一程序段中,而且与顺序无关。例如,G90,G17 可与 G01 放在同一程序段,但 G24,G68,G51 等不能与 G01 放在同一程序段。

（2）辅助功能 M 代码

辅助功能代码主要用于控制机床的辅助设备,如主轴、刀架和冷却泵的工作,由继电器的通电与断电来实现其控制过程。辅助功能 M 代码由地址字符 M 与后面一或二位数字组成,主要用于控制零件程序的走向以及机床各种辅助功能的开关动作。M 功能有非模态 M 功能和模态 M 功能二种形式。

非模态 M 功能(当段有效代码):只在书写了该代码的程序段中有效。

模态 M 功能(续效代码):一组可相互注销的 M 功能,这些功能在被同一组的另一个功能注销前一直有效。

模态 M 功能组包含一个缺省功能,系统上电时将被初始化为该功能。另外,M 功能还可以分为前作用 M 功能和后作用 M 功能两类。

前作用 M 功能:在程序段编制的轴运动之前执行。

后作用 M 功能:在程序段编制的轴运动之后执行。

华中世纪星 HNC-21M 数控装置 M 指令功能见表 2.2.3（▲标记者为缺省值）。

表 2.2.3　常用辅助功能 M 代码表

M 指令	功　能	M 指令	功　能
M00	程序停止	M06	刀具交换
M01	程序选择性停止	M08	切削液开启
M02	程序结束	▲M09	切削液关闭
M03	主轴正转	M30	程序结束,返回开头
M04	主轴反转	M98	调用子程序
▲M05	主轴停止	M99	子程序结束

（3）固定循环代码的种类见表 2.2.4。

5. 常用代码解析

（1）主轴功能 S

主轴功能 S 控制主轴转速,其后的数值表示主轴转速,单位为转/每分钟（r/min）。

S 是模态指令,S 功能只有在主轴速度可调节时有效。

表 2. 2. 4　常用孔循环代码表

指　令	组　别	循　环　名　称
G73		断屑钻孔循环
G74		左旋攻螺纹循环
G76		精镗循环
▼ G80		固定循环取消/外部操作功能取消
G81		钻孔、铰孔、锪、镗循环(普通)
G82		钻孔循环或反镗循环
G83	09	排屑钻孔循环(深孔)
G84		右旋攻螺纹循环
G85		镗孔循环
G86		镗孔循环
G87		背镗循环
G88		镗孔循环
G89		镗孔循环

（2）进给速度 F

F 表示工件被加工时刀具相对于工件的合成进给速度, F 的单位取决于 G94(每分钟进给量 mm/min) 或 G95(每转进给量 mm/r)。

使用下式可以实现每转进给量与每分钟进给量的转化。

$$f_{\mathrm{m}} = f_{\mathrm{r}} \times S$$

式中: f_{m} ——每分钟的进给量, (mm/min);

　　f_{r} ——每转进给量, (mm/r);

　　S ——主轴转数, (r/min)。

当工作在 G01, G02 或 G03 方式下时, 编程的 F 值一直有效, 直到被新的 F 值所取代, 而工作在 G00, G60 方式下, 快速定位的速度是各轴的最高速度, 与所设 F 值无关。

（3）刀具功能(T 指令)

T 指令用于选刀, 其后的数值表示选择的刀具号, T 指令与刀具的关系是由有机床制造厂规定的。在加工中心上执行 T 指令, 刀库转动选择所需的刀具, 然后等待, 直到 M06 指令作用时自动完成换刀。

对于斗笠式刀库, 要求 M06 指令和 T 指令写在同一程序段中。换刀时要注意刀库表中, 0 组刀号(如是: 15) 为主轴上所夹持刀具在刀库中的位置, 在换用其他刀具时, 要将该刀具还给刀库中固定的刀具位置(即 15 号位), 此时刀库中该位置不得有刀具, 否则将发生碰撞。刀库表中的刀具为系统自行管理, 一般不得修改, 开机时刀库中正对主轴的刀位(如 15), 应与刀库表中 0 组刀号相同(应为 15), 且刀库上该位不得有刀具。

因此刀库上刀时, 建议先将刀具安装在主轴上, 然后在 MDI 模式下, 运行 M 和 T 指令(如: M06 T01), 通过主轴将刀具安装到刀库中。

（4）程序暂停 M00

当 CNC 执行到 M00 指令时，将暂停执行当前程序，以方便操作者进行刀具和工件的尺寸测量、工件掉头、手动变速等操作。

暂停时，机床的主轴进给及冷却液停止，而全部现存的模态信息保持不变，若要继续执行后续程序，则需重按操作面板上的【循环启动】按钮。

（5）程序暂停 M01

如果用户按亮操作面板上的【选择停】按钮。当 CNC 执行到 M01 指令时，将暂停执行当前程序，以方便操作者进行刀具和工件的尺寸测量，工件调头，手动变速等操作。暂停时，机床的进给停止，而全部现存的模态信息保持不变，若要继续执行后续程序，则重按操作面板上的【循环启动】按钮。

如果用户没有按亮或按灭操作面板上的【选择停】按钮。当 CNC 执行到 M01 指令时，程序就不会暂停而继续往下执行。

（6）程序结束 M02

M02 编在主程序的最后一个程序段中。

当 CNC 执行到 M02 指令时，机床的主轴进给，冷却液全部停止，加工结束。使用 M02 的程序结束后，若要重新执行该程序，就得重新调用该程序，或在自动加工子菜单下，按【F4】键（请参考 HNC-21M 操作说明书），然后再按操作面板上的【循环启动】按钮。

（7）程序结束 M30

程序结束并返回到零件程序头。M30 和 M02 功能基本相同，只是 M30 指令还兼有控制返回到零件程序头（%）的作用。

（8）尺寸单位设定 G20，G21，G22

格式：G20

　　　G21

　　　G22

其中，G20：英制输入制式；G21：公制输入制式；G22：脉冲当量输入制式。

3 种制式下线性轴、旋转轴的尺寸单位见表 2.2.5。

表 2.2.5　线性轴、旋转轴尺寸单位

指令	线性轴	旋转轴
G20（英制）	英寸	度
G21（公制）	毫米	度
G22（脉冲当量）	移动轴脉冲当量	旋转轴脉冲当量

其中 G20，G21，G22 为模态功能，可相互注销，G21 为缺省值。

（9）进给速度单位的设定 G94、G95

格式：G94［F_］；

　　　G95［F_］；

说明：G94：每分钟进给，"F"之后的数值直接指定刀具每分钟的进给量。对于线性轴，*F*

的单位依 G20/G21/G22 的设定而分别为 mm/min,in/min 或脉冲当量/min;对于旋转轴,F 的单位为度/min 或脉冲当量/min。

G95:每转进给,即主轴转一周时刀具的进给量。F 的单位依 G20/G21/G22 的设定而分别为 mm/r,in/r 或脉冲当量/r。这个功能只在主轴装有编码器时才能使用。

(10)工件坐标系选择 G54~G59

格式:G54,G55,G56,G57,G58,G59

说明:G54~G59 是系统预定的 6 个工件坐标系,可根据需要任意选用。这 6 个预定工件坐标系的原点在机床坐标系中的值(工件零点偏置值)可用 MDI 方式输入,系统自动记忆。工件坐标系一旦选定,后续程序段中绝对值编程时的指令值均为相对此工件坐标系原点的值。

G54~G59 为模态功能,可互相注销,G54 为默认值。

(11)绝对值编程 G90 与增量值编程 G91

格式:G90

　　　G91

说明:

G90 为绝对值编程,每个编程坐标轴上的编程值是相对于程序原点的。

G91 为增量值编程,每个编程坐标轴上的编程值是相对于前一位置而言的,该值等于沿轴移动的距离。

G90、G91 为模态功能,可相互注销,G90 为默认值。

G90、G91 可用于同一程序段中,但要注意其顺序所造成的差异。

(12)暂停指令 G04

格式:G04 P_

说明:P 为暂停时间,单位为 s(秒)。G04 可使刀具作短暂停留,以获得圆整而光滑的表面。如对盲孔做深度控制时,在刀具进给到规定深度后,用暂停指令使刀具做非进给光整切削,然后退刀,保证孔底平整。

G04 为非模态指令,仅在其被规定的程序段中有效。

(13)G28 自动返回参考点

格式:G28 X_Y_Z_

说明:"X_Y_Z_"为回参考点时经过的中间点,在 G90 时为中间点在工件坐标系中的坐标,在 G91 时为中间点相对于起点的位移量。

G28 指令先使所有的编程轴都快速定位到中间点,然后再从中间点到达参考点。一般,G28 指令用于刀具自动更换或者消除机械误差,在执行该指令之前应取消刀具半径补偿和刀具长度补偿。在 G28 的程序段中不仅产生坐标轴移动指令,而且记忆了中间点坐标值,以供 G29 使用。

系统电源接通后,在没有手动返回参考点的状态下,执行 G28 指令时,刀具从当前点经中间点自动返回参考点,与手动返回参考点的结果相同。这时从中间点到参考点的方向就是机床参数"回参考点方向"设定的方向。

G28 指令仅在其被规定的程序段中有效。

（14）自动从参考点返回 G29

格式：G29 X _Y_Z_

说明："X _Y_Z_"为返回的定位终点，在 G90 时为定位终点在工件坐标系中的坐标；在 G91 时为定位终点相对于 G28 中间点的位移量。

G29 可使所有编程轴以快速进给经过由 G28 指令定义的中间点，然后再到达指定点。通常该指令紧跟在 G28 指令之后。G29 指令仅在其被规定的程序段中有效。

（15）快速点定位指令 G00

格式：G00 X_Y_Z_

说明："X_Y_Z_"为快速定位终点坐标，在 G90 时为终点在工件坐标系中的坐标，G91 时为终点相对于起点的位移量，不运动的轴可以不写。

G00 指令用于指定刀具相对于工件以各轴预先设定的速度，刀具可从当前位置快速移动到程序段指令的定位目标点。

G00 指令中的快速移动由机床参数"快速进给速度"对各轴分别设定，不能用"F_"规定。快移速度可由面板上的快速修调旋钮修正。

G00 一般用于加工前快速定位或加工后快速退刀。

注意：

在执行 G00 指令时，由于各轴以各自速度移动，不能保证各轴同时到达终点，因而联动直线轴的合成轨迹不一定是直线，操作者必须格外小心，以免刀具与工件发生碰撞，常见的做法是，将 Z 轴移动到安全高度，再执行 G00 指令。

（16）直线插补 G01

格式：G01 X_Y_Z_F_

说明："X_Y_Z_"为线性进给终点，在 G90 时为终点在工件坐标系中的坐标；在 G91 时为终点相对于起点的位移量。"F"为合成进给速度。

G01 指令刀具以联动的方式，按 F 规定的合成进给速度，从当前位置按线性路线移动到程序段指令的终点。

注意：

G01 是模态指令，可以由 G00、G02、G03、G34 指令注销。

（17）圆弧插补

格式：

G17｛G02/G03｝X_Y_｛I_J_｝R_F_

G18｛G02/G03｝X_Z_｛I_K_｝R_F_

G19｛G02/G03｝Y_Z_｛J_K_｝R_F_

说明：G02 为顺时针圆弧插补；G03 为逆时针圆弧插补；"X_Y_Z_"为圆弧终点坐标值，在 G90 时为圆弧终点在工件坐标系中的坐标，在 G91 时为圆弧终点相对于圆弧起点的位移量；"I_J_K_"为圆心相对于圆弧起点的偏移值，在 G90/G91 时都是以增量方式指定；R 为圆弧半径，当圆弧圆心角小于 180°时，R 为正值，否则 R 为负值；F 为被编程的两个轴的合成进给速度，手动操作无效。

(18)子程序(见图 2.2.6)

①子程序格式。

%_ _ _ _

⋮

⋮

⋮

M99

②调用子程序的格式。

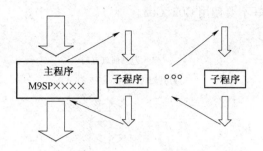

图 2.2.6　子程序的调用

M98　P_L_;

其中,"P"为程序号,"L"为调用次数。

③子程序的嵌套(见图 2.2.7)。

一般子程序还可以调用另一个子程序,嵌套深度为 8 级,一个主程序最多可以调用 64 个子程序。

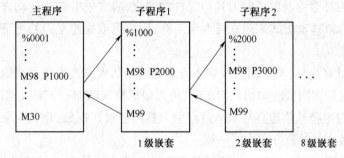

图 2.2.7　子程序的嵌

(19)刀具半径补偿

①刀具半径补偿的建立格式:

G41/(G42)G00/(G01)X_ Y_ D_(F_);

刀具半径补偿取消格式:

G40 G00/(G01)X_Y _F_);

或 G41/(G42)G00/(G01)X_Y_D00(F_);

②说明:

G41 为刀具半径左补偿;G42 为刀具半径右补偿;G40 为取消刀具半径补偿。ISO 标准中规定,沿着刀具前进的方向观察,刀具中心轨迹偏在工件轮廓左边的为左刀补,使用 G41 指令(见图 2.2.8);刀具中心轨迹偏在工件轮廓右边为右刀补,使用 G42 指令(见图 2.2.9);取消刀具半径补偿后刀心运动轨迹与工件轮廓重合。G41、G42、G40 为模态指令,机床初始状态为 G40。

③注意事项:

a. 格式中 X 、Y 地址后的数值是建立补偿直线段的终点坐标值,可用于绝对编程或增量编程。D 为刀具半径补偿寄存器地址字,用 D01～D99 来指定,它用来调用内存中刀具半径补偿的数值。

b. 半径补偿模式的建立与取消程序段只能在 G00 或 G01 移动指令模式下才有效。当然,现在有部分系统也支持 G02、G03 模式,但为防止出现差错,半径补偿的建立与取消程序段最好不要使用 G02、G03。

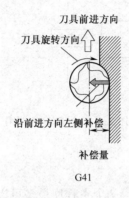

图 2.2.8　原理(1)　　　　　　　　　　图 2.2.9　原理(2)

c. 为了保证刀补建立与取消时刀具与工件的安全,通常采用 G01 运动方式来建立或取消刀补。如果采用 G00 运动方式来建立或取消刀补,则要采取先建立刀补再下刀或先退刀再取消刀补的编程加工方法。

d. 为了便于计算坐标,可采用切线切入方式或法线切入方式来建立或取消刀补。在不便于沿工件轮廓线进行切向或法向切入切出时,可以根据情况增加一个圆弧辅助程序段。

e. 为了防止在半径补偿建立与取消过程中刀具产生过切现象,建立与取消程序段的起点位置与终点位置最好与补偿方向在同一侧。

f. 在刀具补偿模式下,一般不允许存在两段以上的非补偿平面内移动指令,否则刀具也会出现过切等危险动作。非补偿平面移动指令通常是指:只有 G、M、S、F、T 代码的程序段,如 G90、M05;程序暂停程序段,如 G04 X10;G17(G18、G19)平面内的 $Z(Y、X)$ 轴移动指令等。

g. 在进行刀径补偿前,必须用 G17 或 G18、G19 指定刀径补偿是在哪个平面上进行的。如指定 G17 补偿平面,刀补平面的切换必须在补偿取消的方式下进行,否则将产生报警。默认状态是 XY 平面。

h. 当刀补数据为负值时"G41、G42 功效互换。

i. G41 、G42 指令不要重复规定,否则会产生一种特殊的补偿。

j. G40、G41、G42 都是模态代码,可相互注销。但应注意 G41/G42 与 G40 须成对使用,刀补方式的切换必须在取消刀补后进行。

(20)刀具长度补偿

①刀具长度补偿的建立格式:

G00/(G01)G43/(G44)Z_ H_(F_) ;

刀具长度补偿取消格式:

G00/(G01)G49 Z_(F_)

或 G00/(G01)G43/(G44)Z_ H00

②说明:

Z 为补偿轴的终点坐标值,可以采用绝对编程或增量编程;H 为刀具长度补偿存储器地址字,用 H01~H99 来指定,执行程序前应在 MDI 方式下将刀具长度补偿值输入到对应的长度补偿存储器中。当执行 G43 长度补偿指令时,刀具刀位点实际到达点位置等于指令中指定点的位置与长度补偿寄存器中的补偿值相加,相当于把刀具抬起一个长度补偿值的高度,可以理解为 G54 中设置的 Z 对刀值与长度补偿值相加,使机床认为 Z 对刀值向 Z 正方向抬起一个补偿值,即机床认为工件原点向 Z 轴正方向偏移了一个长度补偿值。同理,当执行 G44 长度补偿指令时,刀具刀位点实际到达点位置等于指令中指定点的位置与长度补偿寄存器中的补偿值相减,相当于把刀具向下伸长一个长度补偿值的高度,可以理解为 G54 中设置的 Z 对刀

值与长度补偿值相减,使机床认为 Z 对刀值向 Z 负方向偏移了一个长度补偿值,即机床认为工件原点向 Z 轴负方向偏移了一个长度补偿值。另外,长度补偿值也可以设为负值,当用 G43 指令中对应的补偿值设为负值与 G44 指令中对应的补偿值设为正值的效果相同,同理,当用 G44 指令中对应的补偿值设为负值相当于 G43 指令中对应的补偿值设为正值的效果,如图 2.2.10 所示。

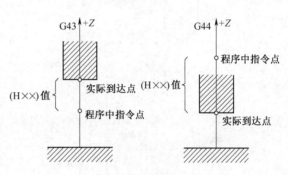

图 2.2.10　刀具长度补偿原理

执行 G43 时,$Z(实际)=Z(指令值)+(H××)$

执行 G44 时,$Z(实际)=Z(指令值)-(H××)$

(H××)是指 ×× 寄存器中的补偿量,其值可以是正值,也可以是负值。当刀具长度补偿值为负值时 G43 和 G44 的功效将互换。

③注意事项:

a. 刀具长度补偿只用于刀具轴向方向的补偿,而对 X 轴 Y 轴无效。

b. 刀具长度补偿建立的程序段中或之前必须指定 G43 或 Q44 和刀具长度补偿偏置号,并且必须在 G00 或 G01 模式下移动完成,不能在 G02 或 G03 模式下进行,否则机床会出现报警。

c. 刀具长度补偿取消同样要在 Z 轴移动过程中完成,同样地要在 G00 或 G01 模式下进行。刀具长度补偿的建立和取消分别是在切削工件之前和加工完成之后移动过程中完成。

d. G43、G44、G49 为模态指令,可以相互注销。机床上的初始态为 G49。

e. 偏置值既可以是正值,也可以是负值。刀具号与刀具偏置号可以相同,也可以不同,一般情况下,为防止出错,最好采用相同的刀具号与刀具偏置号。

(21)固定循环

①格式:

$$\begin{Bmatrix} G98 \\ G99 \end{Bmatrix} G\_X\_Y\_Z\_R\_Q\_P\_I\_J\_K\_F\_L\_$$

②说明:

G98 为返回初始平面;G99 为返回 R 点平面;G 为固定循环代码 G73、G74、G76 和 G81~G89 之一;X、Y 为加工起点到孔位的距离(G91)或孔位坐标(G90);R 为初始点到 R 点的距离

（G91）或 *R* 点的坐标（G90）；*Z* 为点到孔底的距离（G91）或孔底坐标（G90）；*Q* 为每次进给深度（G73/G83）；I、J 为刀具在轴反向位移增量（G76/G87）；P 为刀具在孔底的暂停时间；F 为切削进给速度；L 为固定循环的次数。

G73、G74、G76 和 G81~G89、Z、R、P、F、Q、I、J、K 是模态指令，G80、G01~G03 等指令可以取消固定循环。

③固定循环示意图如图 2.2.11 所示。

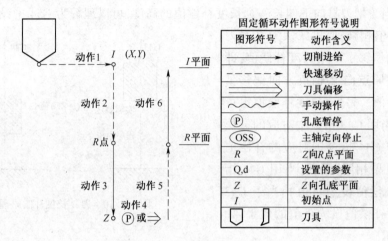

固定循环动作图形符号说明

图形符号	动作含义
→	切削进给
----→	快速移动
⇒	刀具偏移
∿→	手动操作
Ⓟ	孔底暂停
ⓄSS	主轴定向停止
R	*Z* 向 *R* 点平面
Q,d	设置的参数
Z	*Z* 向孔底平面
I	初始点
▽ 刀	刀具

图 2.2.11　固定循环示意图

6. 加工工艺

（1）零件的工艺分析

数控加工工艺性分析涉及面很广，在此仅从数控加工的可能性和方便性两方面加以分析。

①零件图样上尺寸数据的给出应符合编程方便的原则。

零件图上尺寸标注方法应该适应数控加工的特点。在数控加工零件图纸上，应该以同一基准引注尺寸或直接给出坐标尺寸。这种标注方法既便于编程，也便于尺寸之间的相互协调，在保持设计基准、工艺基准、检测基准与编程原点设置的一致性方面带来很大方便。由于零件设计人员一般在尺寸标注中较多地考虑装配等使用特性，而不得不采用局部分散的标注方法，这样就会给工序安排与数控加工带来许多不便。由于数控加工精度和重复定位精度都很高，不会因为产生较大的积累误差而破坏使用特性，因此可以将局部的分散标注法改为同一基准引注尺寸或直接给出坐标尺寸的标注法。

构成零件轮廓的几何元素的条件应充分。在手工编程时要计算基点或节点坐标。在自动编程时，要对构成零件轮廓的所有几何元素进行定义。因此在分析零件图时，要分析几何元素的给定条件是否充分。如圆弧与直线、圆弧与圆弧在图样上相切，但根据图上给出尺寸，在计算相切条件时变成了相交或相离状态。由于构成零件的几何元素条件不充分，使编程人员编程时无法下手，遇到这种情况时，应与零件设计者协商解决。

②零件各加工部位的结构工艺性应符合数控加工的特点。

零件的内腔和外形最好采用统一的几何类型和尺寸。这样可以减少刀具规格和换刀次数，使编程方便，生产效率提高。

内槽圆角的大小决定着刀具直径的大小,因而内槽圆角半径不应过小,否则会使刀具刚性变差。零件工艺性的好坏与被加工轮廓的高低、转接圆弧半径的大小等有关。

铣削零件底平面时,槽底圆角半径 r 不应过大。

应采用统一的基准定位。在数控加工中,若没有统一的基准定位,会因工件的重新安装而导致加工后的两个面轮廓位置及尺寸不协调现象。为了避免上述问题的产生,保证两次装夹加工后其相对位置的准确性,应采用统一的基准定位。

零件上最好有合适的孔作为定位基准孔,若没有,要设置工艺孔作为定位基准孔(如在毛坯上增加工艺凸耳或在后续工序要铣去的余量上设置工艺孔)。当无法制出工艺孔时,必须用经过精加工的表面作为统一基准,以减少两次装夹产生的误差。

此外,还应分析零件所要求的加工精度、尺寸公差等是否可以得到保证,有无引起矛盾的多余尺寸或影响工序安排的封闭尺寸等。

(2)加工方法与加工方案的确定

①加工方法的选择。加工方法的选择原则是保证零件的尺寸精度、形状位置精度和表面粗糙度的要求。由于获得同一级精度及表面粗糙度的加工方法一般有多种,因而在实际选择时,要全面考虑零件的形状、尺寸大小和热处理要求等。例如,对于 IT7 级精度的孔采用镗削、铰削、磨削等加工方法均可达到精度要求,但箱体上的孔一般采用镗削或铰削,而不宜采用磨削的方法加工。一般小尺寸的箱体孔选择铰孔,当孔径较大时则应选择镗孔。此外,还应考虑生产率和经济性的要求,以及工厂的生产设备等实际情况。常用加工方法的经济加工精度及表面粗糙度可以查阅有关工艺手册。

②加工方案确定的原则。确定加工方案时,首先应根据零件加工精度和表面粗糙度的要求,初步确定为达到这些要求所需要的加工方法。零件上比较精密表面的加工,常常是通过粗加工、半精加工和精加工逐步达到的。对这些表面仅仅根据质量要求选择相应的最终加工方法是不够的,还应该正确地确定从毛坯到最终成型的加工方案。采用不同加工方案所能达到的经济精度和表面糙度是不同的。

(3)工序与工步的划分

①工序的划分。与普通机床相比,数控机床加工工序一般比较集中,应在一次装夹中尽可能完成大部分或全部分工序,首先应该根据零件图,考虑被加工零件是否可以在一台数控机床上完成整个零件的加工工作,若不能,则应该决定其中哪一部分在数控机床上加工,哪一部分在普通机床上加工,即对零件的加工工序进行划分。数控机床的工序主要有刀具集中分工序法、粗精加工分工序法、加工部位分工序法和零件装夹分工序法。

a. 刀具集中分工序法。为了减少换刀次数,压缩空行程时间,减少不必要的定位误差,可以按照刀具集中工序的方法加工零件,即在工件的一次装夹中,尽可能用同一把刀具加工出可能加工的所有部位,然后再换另一把刀具加工其他部位。在专用的数控机床和加工中心常常采用这种方法。

b. 粗、精加工分工序法。这种分工序的方法是根据零件的形状、尺寸精度等因素,按照粗、精加工分开的原则进行分工序的。对单个零件或一批零件先进行粗加工、半精加工,而后精加工。粗、精加工之间最好隔一段时间,以使粗加工后零件的变形得到充分恢复,再进行精加工,以提高零件的加工精度。

c. 加工部位分工序法。对于加工内容较多、零件轮廓的表面结构差异较大的零件,可以按照其结构特点将加工部位分成几个部分,如内形、外形、平面、曲面等。

d. 零件装夹分工序法。由于每个零件的结构形状不同,各个加工表面的技术要求也有所不同,所以加工时,其定位方式各有差异。一般加工外形时,以内形定位;加工内形时又以外形定位。因而可以根据定位方式的不同来划分工序。

总之,在数控机床上加工零件,其加工工序的划分要视加工零件的具体情况具体分析。许多工序的安排是综合了上述各个分工序的方法。

②工步的划分。工步的划分主要从加工精度和效率两方面考虑。合理的加工工艺,不仅要保证加工出符合图纸要求的零件,而且要使机床的功能得到充分发挥,在一个工序内往往要采用不同的刀具和切削用量,对不同的表面进行加工。为了便于分析和描述较复杂的工序,在工序内又细分为若干工步。下面以加工中心为例来说明工步的划分。

a. 按粗加工、精加工分。同一表面按粗加工、半精加工、精加工依次完成,或全部加工表面按粗、精加工分开进行,前者较适合尺寸精度要求较高的零件,后者较适合位置精度要求较高的表面。

b. 按先面后孔分。对于既有铣面又有镗孔的零件,可按"先面后孔"的原则划分工步,即先铣面后镗孔。因为铣削时切削力较大,工件易发生变形,先铣面后镗孔,使其有一段时间恢复,可减少由于变形引起的对孔精度的影响,从而提高孔的加工质量。如果先镗孔后铣面,则由于铣削时在孔口极易产生飞边、毛刺,将导致孔的精度下降。

c. 按所用刀具分。某些机床工作台回转时间比刀具交换时间短,可采用按刀具划分工步,以减少换刀次数,提高加工效率。

总之,工序与工步的划分要根据具体零件的结构特点、工艺性、技术要求以及机床的功能等实际情况综合考虑。

(4)零件的安装与夹具的选择

①定位安装的基本原则。在数控机床上加工零件时,定位安装的基本原则与普通机床相同,要合理选择定位基准和夹紧方案,为了提高数控机床的效率,在确定定位基准与夹紧方案时应注意下列几点。

a. 力求设计、工艺与编程计算的基准统一。

b. 尽量减少装夹次数,尽可能在一次定位装夹后加工出全部待加工表面。

c. 避免采用占用机床的人工调整式加工方案,以充分发挥数控机床的效能。

②选择夹具的基本原则。数控加工的特点对夹具提出了两个基本要求:一是要保证夹具的坐标方向与机床的坐标方向相对固定;二是要协调零件和机床坐标系的尺寸关系。除此之外,还要考虑以下四点。

a. 当零件加工批量不大时,应该尽量采用组合夹具、可调试夹具及其他通用夹具,以缩短生产准备时间、节省生产费用。

b. 在成批生产时才考虑采用专用夹具,并力求结构简单。

c. 零件的装卸要快速、方便、可靠,以缩短机床的准备时间。

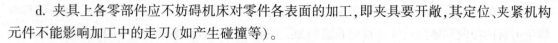

d. 夹具上各零部件应不妨碍机床对零件各表面的加工,即夹具要开敞,其定位、夹紧机构元件不能影响加工中的走刀(如产生碰撞等)。

(5)刀具的选择

①选择刀具时考虑的有关因素。

刀具的选择是数控加工工艺中的重要内容之一,不仅影响机床的加工效率,而且直接影响零件的加工质量。由于数控机床的主轴转速及范围远远高于普通机床,而且主轴输出功率较大,因此与传统加工方法相比,对数控加工刀具提出了更高的要求,除包括精度高、强度大、刚性好、耐用度高,可靠性高、断屑及排屑性能好,安装调整方便之外还应考虑如下问题。

a. 刀具材料应与工件材料相适应。如车或铣高强度钢、钛合金、不锈钢零件时,建议选择耐磨性较好的可转位硬质合金刀具。

b. 根据零件的加工阶段选择刀具。即粗加工阶段以去除余量为主,应选择刚性较好、精度较低的刀具,半精加工、精加工阶段以保证零件的加工精度和产品质量为主,应选择耐用度高、精度较高的刀具,粗加工阶段所用刀具的精度最低、而精加工阶段所用刀具的精度最高。如果粗、精加工选择相同的刀具,建议粗加工时选用精加工淘汰下来的刀具,因为精加工淘汰的刀具磨损情况大多为刃部轻微磨损,涂层磨损修光,继续使用会影响精加工的加工质量,但对粗加工的影响较小。

c. 根据加工区域的特点选择刀具和几何参数。在零件结构允许的情况下应选用大直径、长径比值小的刀具;切削薄壁、超薄壁零件的过中心铣刀端刃应有足够的向心角,以减少刀具和切削部位的切削力。加工铝、铜等较软材料零件时应选择前角稍大一些的立铣刀,齿数也不要超过4齿。

②刀具使用的有关原则。

刀具的选择是在数控编程的人机交互状态下进行的。应根据机床的加工能力、工件材料的性能、加工工序、切削用量以及其他相关因素正确选用刀具及刀柄。刀具选择总的原则是:安装调整方便、刚性好、耐用度和精度高。在满足加工要求的前提下,尽量选择较短的刀柄,以提高刀具加工的刚性。

选取刀具时,要使刀具的尺寸与被加工工件的表面尺寸相适应。生产中,平面零件周边轮廓的加工,常采用立铣刀;铣削平面时,应选硬质合金刀片铣刀;加工凸台、凹槽时,选高速钢立铣刀;加工毛坯表面或粗加工孔时,可选取镶硬质合金刀片的玉米铣刀;对一些立体型面和变斜角轮廓外形的加工,常采用球头铣刀、环形铣刀、锥形铣刀和盘形铣刀。在进行自由曲面(模具)加工时,由于球头刀具的端部切削速度为零,因此,为保证加工精度,切削行距一般采用顶端密距,故球头常用于曲面的精加工。而平头刀具在表面加工质量和切削效率方面都优于球头刀,因此,只要在保证不过切的前提下,无论是曲面的粗加工还是精加工,都应优先选择平头刀。另外,刀具的耐用度和精度与刀具价格关系极大,必须引起注意的是,在大多数情况下,选择好的刀具虽然增加了刀具成本,但由此带来的加工质量和加工效率的提高,则可以使整个加工成本大大降低。

在加工中心上,各种刀具分别装在刀库上,按程序规定随时进行选刀和换刀动作。因此必须采用标准刀柄,以便使钻、镗、扩、铣削等工序用的标准刀具迅速、准确地装到机床主轴或刀库上去。编程人员应了解机床上所用刀柄的结构尺寸、调整方法以及调整范围,以便在编程时确定刀具的径向和轴向尺寸。目前我国的加工中心采用 TSG 工具系统,其刀柄有直柄(3 种规格)和锥柄(4 种规格)2 种,共包括 16 种不同用途的刀柄。

经济型数控机床的加工过程中,由于刀具的刃磨、测量和更换多为人工手动进行,占用辅助时间较长,因此,必须合理安排刀具的排列顺序。一般应遵循以下原则:a. 尽量减少刀具数量;b. 一把刀具装夹后,应完成其所能进行的所有加工步骤;c. 粗精加工的刀具应分开使用,即使是相同尺寸规格的刀具;d. 先铣后钻;e. 先进行曲面精加工,后进行二维轮廓精加工;f. 在可能的情况下,应尽可能利用数控机床的自动换刀功能,以提高生产效率等。

③判断刀具是否磨损的常用方法。

a. 刀具是否磨损,磨损量的大小,最直接的判断方法是听声音,如果切削声音十分沉重或者尖叫刺耳,说明刀具的加工状态不正常,此时可进行简要分析,如果排除了刀具本身质量问题、刀具装夹问题、用刀参数问题,此时应该可以判断是刀具磨损了,需要暂停加工,更换刀具。

b. 通过加工中的机床运动状态来判断刀具的磨损情况,如果加工参数、切削用量等设置均合理,加工中机床振动很大,发出"嗡嗡"声,此时可以确定刀具达到了急剧磨损状态,需要更换刀具。

(6) 切削用量

①铣削基本运动:铣削运动是一个合成运动。

主运动:由机床提供的主要运动,指直接切除工件上的待切削层,使之转变为切削的主要运动,它同时也是铣削运动中速度最高,消耗功率最大的运动(在铣削运动中,铣刀的旋转运动为主运动)。

进给运动:也是由机床提供的运动,指不断地把待切削层投入切削,以逐渐切出整个工件的运动,它分为吃刀运动和走刀运动。

②铣削产生的表面:铣削过程中产生三个表面。

a. 待加工表面:在铣削加工中即将被加工的表面。

b. 已加工表面:经过铣削形成的表面。

c. 加工表面:正在加工的表面,也就是刀刃与工件接触的表面。

③铣削用量:在铣削过程中所选用的切削用量称为铣削用量,铣削用量包括铣削层宽度,铣削层深度,进给量和铣削速度,在实际的生产中如何合理地选用对提高生产效率,改善工件表面粗糙度和加工精度都有密切的关系,首先我们要了解铣削用量中各要素是怎么定义的。

a. 侧吃刀量:指垂直于铣刀轴线测量的被切削层尺寸,用符号 a_e 表示,单位为 mm。

b. 背吃刀量:指平行于铣刀轴线测量的被切削层尺寸,用符号 a_p 表示,单位为 mm。

c. 进给量。

● 每齿进给量,在铣刀转过的一个齿(即后一个齿转到前一刀齿位置)的时间内,工件沿进给方向移动的距离,用符号 a_f 表示,单位为 mm/z。

● 每转进给量,在铣刀转过一转的时间内,工件沿进给方向所移动的距离,用符号 f 表示,单位为 mm/r。

● 每分钟进给量:在 1 min 时间内,工件沿进给方向所移动的距离,用符号 V_f 表示,单位为 mm/min。

● 切削速度：主运动的线速度，称为铣削速度，也就是铣刀刀刃上离旋转中心最远的一点在单位时间内所转过的长度，用符号 V 表示，单位为 m/min。用公式可表示为

$$V = \pi D n / 1\,000$$

式中：D —— 铣刀直径，mm；

　　n —— 铣刀转速，r/min；

　　π —— 圆周率。

从公式中可以看出，直径、转速和铣削速度成正比，也就是 D、n 越大，V 也越大。

在实际加工中，对刀具耐用度影响最大的是铣削速度，而不是转速。因此，我们往往是根据刀具和被加工工件的材料等因素先选好合适的铣削速度，然后再根据铣刀直径和铣削速度来计算并选择合适的转速。

转换公式如下：$n = 1\,000\,V / \pi D$

以上公式中可以看出：两个变量 V、D 中若 V 增大，则 n 增大，若 D 增大，则 n 增大。

④铣削用量的选择。

选择的顺序是：首先选择较大的铣削宽度和铣削层深度，再选择较大的每齿进给量，最后选定铣削速度。

a. 背吃刀量 a_p（铣削层深度）和侧吃刀量 a_e（铣削层宽度）的选择。

a_p 主要根据工件的加工余量和加表面的精度来确定，当加工余量不大时，应尽量一次铣完，只有当工件的加工精度要求较高或表面粗糙度小于 $Ra6.3\ \mu m$ 时，才分粗、精铣两次进给。

a_p 选择如表 2.2.6 所示。

表 2.2.6　铣削深度

单位：mm

工件材料	高速钢		硬质合金	
	粗铣	精铣	粗铣	精铣
铸铁	5~2	0.5~1	10~18	1~2
软钢	<5	0.5~1	<12	1~2
中硬钢	<4	0.5~1	<7	1~2
硬钢	<3	0.5~1	<4	1~2

在铣削过程中，a_e（铣削层宽度）一般可根据加工面宽度决定，尽量一次铣出。

b. 齿进给量的选择。

粗铣时，限制进给量提高的主要因素是切削进给量，主要根据铣床进给机构的强度、刀轴尺寸、刀齿强度以及机床夹具等工艺系统的刚性来确定，在强度、刚度许可的条件下，进给量应尽量取得大些。

精铣时，限制进给量提高的主要因素是表面粗糙度，为了减少工艺系统的弹性变形，减少已加工表面的残留面积高度，一般采取较小的进给量。表 2.2.7 为每齿进给量推荐值。

表 2.2.7　每齿进给量推荐值

工件材料	硬度/HB	硬质合金/mm	高速钢/mm
低碳钢	<200	0.15 ~ 0.4	0.1 ~ 0.3
中高碳钢	120~300	0.07 ~ 0.5	0.05 ~ 0.25
灰铸铁	150~300	0.15 ~ 0.5	0.03 ~ 0.3

（7）走刀路线的确定

在数控加工中,刀具刀位点相对于工件运动的轨迹和方向称为进给路线,也称为走刀路线,它既包括切削加工的路线,又包括刀具切入、切出的空行程路线。不但包括了工步的内容,也反映出工步的顺序,是编写数控加工程序的依据之一。加工路线的合理选择是非常重要的,因为它与零件的加工精度和表面质量密切相关。

因此在确定走刀路线时主要考虑下列几点。

①保证零件的加工精度要求。

②方便数值计算,减少编程工作量,尽量减少程序段数。

③寻求最短加工路线,减少空刀时间以提高加工效率。

④刀具的进退刀（切入与切出）路线应该选在不太重要的位置,刀具的切出或切入点应在沿零件轮廓的切线方向上切入和切出,以保证工件轮廓光滑;应避免在工件轮廓面上垂直上、下刀而划伤工件表面;此外还要尽量减少在轮廓加工切削过程中的暂停（切削力突然变化造成弹性变形）,以免留下刀痕。如图 2.2.12 所示,铣削零件轮廓时,一般采用立铣刀侧刃进行切削。为减少接刀痕迹,保证零件表面质量,刀具的切入或切出点应该在零件轮廓的切线上,即切向切入和切出,并将其切入、切出点选在零件轮廓两几何元素的交接处。

⑤选择使工件在加工后变形小的路线。

对横截面积小的细长零件或薄板零件应采用

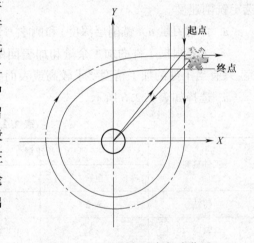

图 2.2.12　刀具切入与切出位置

分几次走刀的方法进行加工,直到最后尺寸,采用对称去除余量法安排走刀路线。安排工步时,应先安排对工件刚性破坏较小的工步。

除以上因素外,确定走刀路线时还应该注意下列几点：

①粗加工的走刀路线。

粗加工的走刀路线应该以提高加工效率为主,尽可能的缩短粗加工时间。例如:敞开的平面铣削,在切削功率许可的情况下,尽可能的选用较大直径的面铣刀铣削,以减少走刀次数。对于封闭凹槽铣削,在满足铣刀半径小于或等于内槽轮廓最小曲率半径的前提下,尽可能选择较大直径的铣刀。此外粗加工走刀路线还应该使各处精加工余量均匀,有利于提高精加工质量。当铣削无岛封闭凹槽时,一般有三种走刀方案图 2.2.13 所示为行切法,采用这种走刀法能切除内腔中的全部余量,不留死角,不伤轮廓,但行切法将在两次走刀的起点和终点间留下残留高度,而使表面达不到要求的表面粗糙度。图 2.2.14 所示为环切法,虽然有利于保证加工质量,但计算较为复杂,程序段比较多。图 2.2.15 所示为先用行切法切除大量余量,后沿周向环切一刀,采用这种方法不仅使轮廓表面光整,而且计算简单,又能使槽内侧面精加工余量均匀,有利于获得满意的表面粗糙度,得较好的加工效果。因此为了保证工件轮廓表面加工后的粗糙度要求,最终轮廓应安排在最后一次走刀中连续加工出来。

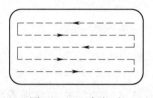

图 2.2.13　行切法

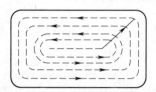

图 2.2.14　环切法

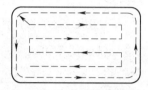

图 2.2.15　行切法加环切法

②精加工的走刀路线。

精加工的走刀路线应该能够保证零件的加工精度和表面粗糙度的要求,并兼顾效率。在数控铣削加工中,有顺铣和逆铣两种加工方法。通常精加工采用顺铣,有利于切削刃切入,以减少刀具磨损和振动,提高零件加工表面质量。对于点位控制的数控机床,如果加工的孔系位置精度要求较高,应该特别注意孔的加工顺序的安排,安排不当时,就有可能将坐标轴的反向间隙带入,直接影响位置精度。点位控制的机床,如果只是要求定位精度较高,定位过程尽可能快,而刀具相对工件的运动路线是无关紧要的,则应该按空程最短来安排走刀路线。图 2.2.16 所示为零件上的孔系。图 2.2.17 所示走刀路线 1 即为先加工完外圈孔后,再加工内圈孔。图 2.2.18 所示为走刀路线 2 图的走刀路线,减少空刀时间,则可节省定位时间,提高了加工效率。

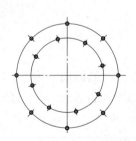

图 2.2.16　零件的孔系

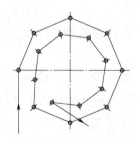

图 2.2.17　走刀路线(1)

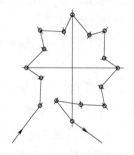

图 2.2.18　走刀路线(2)

(8)顺铣逆铣

①顺铣是指铣刀的切削速度方向与工件的进给方向相同时的铣削,即当铣刀各刀齿作用在工件上的合力 F 在进给方向的水平分力 F' 与工件的进给方向相同时的铣削方式(见图 2.2.19)。

②逆铣是指铣刀的切削速度方向与工件的进给方向相反时的铣削,即当铣刀各刀齿作用在工件上的合力 F 在进给方向的水平分力 F' 与工件的进给方向相反时的铣削方式(见图 2.2.20)。

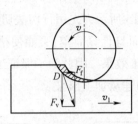
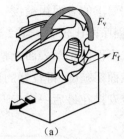
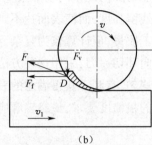

（a） （b）

图 2.2.19　顺铣加工原理　　　　　　　　　　　　图 2.2.20　逆铣加工原理

③顺铣的优点和缺点。

优点：

a. 垂直分量始终向下，有压紧工件的作用，铣削平稳，对加工不易夹紧的细长和薄板形的工件更为适宜。

b. 刀刃切入工件若从厚到薄处，则刀刃易切入工件，对工件的挤压摩擦小，故刀刃耐用度高，使加工出的工件表面质量高。

c. 顺铣时消耗在进给方向的功率较小（约占全功率的 6%）。

缺点：

a. 刀刃从外表面切入，有硬皮或杂质时，刀具易损坏。

b. 由于进给方向与水平分力 $F_{纵}$ 方向相同，当 $F_{纵}$ 较大时，会拉动工作台，使每齿进给量突然增大，使刀齿拆断或刀轴折弯，造成工件报废或机床损坏。

④逆铣的优点和缺点。

优点：

a. 当铣刀中心进入工件端面后，刀刃不再从工件的外表面切入，故对表面有硬皮的毛坯件，刀刃的影响不大。

b. 水平分力 $F_{纵}$ 与进给方向相反，不会拉动工作台。

缺点：

a. 垂直他力 $F_{垂}$ 变化较大，在开始切削时 $F_{垂}$ 是向上的，有挑出工件的倾向。因此，工件须夹持牢固。当铣刀中心进入工件后，刀刃开始切入工件时铣削层厚度接近于零，由于刀刃开始切入弧，所以要滑动一小段距离后才能切入，此时的 $F_{垂}$ 是向下的，当刀刃切入工件后，$F_{垂}$ 就向上，因此铣刀和工件会产生周期性的振动，影响加工表面的粗糙度。

b. 由于刀刃切入工件时要滑移一小段距离，故刀刃易磨损，并使已加工表面受到冷挤压和摩擦，影响其表面质量。

c. 逆铣时消耗在进给运动方面的功率较大（约占全功率的 20%）。

 操作实训

1. 直线加工

（1）按要求完成如下程序

采用快速点定位指令完成 A→B 所示路径的程序,如图 2.2.21 所示。

绝对值编程:G90 G00 X20 Y15(快速定位到 A 点)

G90 G00 X90 Y45(G00 方式 A→B)

增量值编程:G90 G00 X20 Y15(快速定位到 A 点)

G91 G00 X70 Y30(G00 方式 A→B)

采用直线插补指令完成 B→A 所示路径的程序,如图 2.2.22 所示。

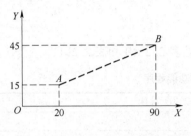
图 2.2.21

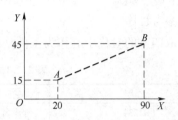
图 2.2.22

绝对值编程:G90 G01 X90 Y45(G01 方式到 B 点)

G90 G01 X20 Y15(G01 方式 B→A)

增量值编程:G90 G01 X90 Y45(G01 方式到 B 点)

G91 G01 X-70 Y-30(G01 方式 B→A)

(2)在数控铣床上加工图 2.2.23 所示零件,工件材料:22×22×10 的钢料,分别在不运用刀具补偿和运用刀具补偿功能的情况下,试编程加工。

①工艺分析。工、夹、量、刀具选择,见表 2.2.8。

a. 工、夹具选择。用扳手将毛坯装夹在平口虎钳上。

b. 量具选择。选用游标卡尺 0～150 mm。

c. 刀具选择。选用硬质合金 ϕ10 mm 三齿立铣刀。

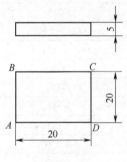
图 2.2.23

表 2.2.8　工、夹、量、刀具一览表

分类	名称	规格	精度	单位	数量	备注
夹具	平口虎钳			个	1	
工具	扳手			副	1	
量具	游标卡尺	0～150 mm	0.02 mm	把	1	
刀具	立铣刀	ϕ10 mm		把	1	

②制订加工工艺方案,见表 2.2.9。

表 2.2.9　机械零件加工工艺

工步号	工步内容	刀具号	切削用量	
			$S/(\text{r} \cdot \text{min}^{-1})$	$F/(\text{mm} \cdot \text{min}^{-1})$
1	铣四方	T01	2 000	70

③制订加工路线:$A \to B \to C \to D \to A$。

④确定合理的下刀点:$E(-25,-25)$。

⑤计算节点坐标。

a. 不运用刀具补偿补功能节点坐标如下:

$A(-15,-15)B(-15,15)C(15,15)D(15,-15)$

b. 运用刀具补偿补功能节点坐标如下:

$A(-10,-10)B(-10,10)C(10,10)D(10,-10)$

⑥参考程序。

选取四方的对称中心作为工件坐标原点,编写程序见表 2.2.10 和表 2.2.11。

表 2.2.10 不运用刀具补偿补功能程序

程序	说　　明
O1234;	程序名
G90 G40 G54 M03 S2000;	采用 G54 坐标系,主轴正转
G0X-25Y-25;	快速定位到下刀点 X、Y 坐标
G0Z5;	快速定位到高于工件 5 mm 处
G01 Z-5 F70;	直线插补到下刀深度
X-15;	直线插补到 BA 的延长线
Y15;	直线插补到 B 点
X15;	直线插补到 C 点
Y-15;	直线插补到 D 点
X-25;	直线插补到 DA 的延长线
G0 Z100;	快速抬刀到安全高度
M05;	主轴停转
M30;	程序结束

表 2.2.11 运用刀具补偿功能程序

程序	说　　明
O1234;	程序名
G90 G40 G54 M03 S2000;	采用 G54 坐标系,主轴正转
G0 X-25 Y-25;	快速定位到下刀点 X、Y 坐标
G0 Z5;	快速定位到高于工件 5 mm 处
G01 Z-5 F70;	直线插补到下刀深度
G01 G41 X-10 Y-25 D01;	建立刀补到 BA 的延长线
Y10;	直线插补到 B 点
X10;	直线插补到 C 点
Y-10;	直线插补到 D 点
X-25;	直线插补到 DA 的延长线
G01 G40 X-25 Y-25;	撤消刀补至下刀点
G0 Z100;	快速抬刀到安全高度
M05;	主轴停转
M30;	程序结束

⑦加工过程。

a. 加工准备。用扳手把毛坯装夹在平口虎钳上。检查机床状态,开机回零;装夹刀具;将程序输入机床。

b. 程序校验。打开输入的程序,进行图形仿真。

操作步骤:自动→程序校验→循环启动。

注意:

> 首次仿真结束后,若再次按【循环启动】按钮,则进入零件加工状态。若想再次进入仿真状态需要再次按【程序校验】按钮。

c. 试切对刀。对刀操作时注意退刀方向,对刀完毕后用手动方式验证对刀的准确性。

d. 自动加工。

操作要求:选择自动方式;首件全程单段;快速倍率最小 F0,防止撞刀;主界面:既有程序,又有坐标的界面。

e. 检测。加工后用量具检测各部分尺寸,合格后取下工件。

(3)在数控铣床上加工图 2.2.24 所示零件,分别运用 G90 、G91 指令,试编程加工。

①工艺分析。工、夹、量、刀具见表 2.2.12。

a. 工、夹具选择。用扳手将毛坯装夹在平口虎钳上。

b. 量具选择。选用 0~150 mm 游标卡尺。

c. 刀具选择。硬质合金 ϕ10 mm 三齿立铣刀。

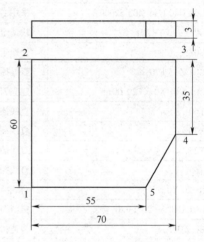

图 2.2.24 切口零件

表 2.2.12 工、夹、量、刀具一览表

分类	名称	规格	精度	单位	数量	备注
夹具	平口虎钳			个	1	
工具	扳手			副	1	
量具	游标卡尺	0~150 mm	0.02 mm	把	1	
刀具	立铣刀	ϕ10 mm		把	1	

②制订加工工艺方案,见表 2.2.13。

表 2.2.13 机械零件加工工艺

工步号	工步内容	刀具号	切削用量	
			$S/(r \cdot min^{-1})$	$F/(mm \cdot min^{-1})$
1	铣外形	T01	2 000	70

③制订加工路线:1→2→3→4→5→1。

④确定合理的下刀点:$A(-20,-20)$。

⑤计算节点坐标。

a. 运用 G90 指令节点坐标：

1(0,0);2(0,60);3(70,60);4(70,25);5(55,0)。

b. 运用 G91 指令节点坐标：

1(0,0);2(0,60);3(70,0);4(0,-35);5(-15,-25)。

⑥参考程序。

选取工件的右下角作为工件坐标原点,编写程序见表 2.2.14 和表 2.2.15。

表 2.2.14 运用 G90 指令编程

O1234;	程序名
G90 G40 G54 M03 S2000;	采用 G54 坐标系,主轴正转
G0 X-20 Y-20;	快速定位到下刀点 X 、Y 坐标
G0Z5;	快速定位到高于工件 5 mm 处
G01 Z-3 F70;	直线插补到下刀深度
G01 G41 X0 Y-20 D01;	建立刀补到 2→1 的延长线
Y60;	直线插补到 2 点
X70;	直线插补到 3 点
Y25;	直线插补到 4 点
X55 Y0;	直线插补到 5 点
X-20 Y0;	直线插补到 1 点
G01 G40 X-20 Y-20;	撤消刀补至下刀点
G0 Z100;	快速抬刀到安全高度
M05;	主轴停转
M30;	程序结束

表 2.2.15 运用 G91 指令编程

O1234;	程序名
G90 G40 G54 M03 S2000;	采用 G54 坐标系,主轴正转
G0 X-20 Y-20;	快速定位到下刀点 X 、Y 坐标
G0 Z5;	快速定位到高于工件 5 mm 处
G01 Z-3 F70;	直线插补到下刀深度
G01 G41 X0 Y0 D01;	建立刀补到 1 点
G91 Y60;	直线插补到 2 点
X70;	直线插补到 3 点
Y-35;	直线插补到 4 点
X-15 Y-25;	直线插补到 5 点
X-55;	直线插补到 1 点
G90 G01 G40 X-20 Y-20;	撤消刀补至下刀点
G0 Z100;	快速抬刀到安全高度
M05;	主轴停转
M30;	程序结束

⑦加工过程。

a. 加工准备。用扳手把毛坯装夹在平口虎钳上。检查机床状态,开机回零;装夹刀具;程序输入机床。

b. 程序校验。打开输入的程序,进行图形仿真。

操作步骤:自动→程序校验→循环启动。

> **注意:**
>
> 首次仿真结束后,若再次按"循环启动"按键,则进入零件加工状态。若想再次进入仿真状态需要再次按"程序校验"按键。

c. 试切对刀。对刀操作时注意退刀方向,对刀完毕后用手动方式验证对刀的准确性。

d. 自动加工。操作步骤:自动方式;首件全程单段;快速倍率最小 F0,防止撞刀;主界面:既有程序,又有坐标的界面。

e. 检测。加工后用量具检测各部分尺寸,合格后取下工件。

2. 圆弧加工

(1)按要求完成如下程序。

①分别采用 G02 指令完成 $A→B$ 所示路径的程序及采用 G03 指令完成 $B→A$ 所示路径的程序,(见图 2.2.25)。

绝对值编程:G90 G01 X0 Y30(G01 到 A 点)

G90 G02 X30 Y0 R30(G02 方式 $A→B$)

增量值编程:G90 G01 X0 Y30(G01 到 A 点)

G91 G02 X30 Y−30 R30(G02 方式 $A→B$)

绝对值编程:G90 G01 X30 Y0(G01 到 B 点)

G90 G03 X0 Y30 R30(G03 方式 $B→A$)

增量值编程:G90 G01 X30 Y0(G01 到 B 点)

G91 G03 X−30 Y30 R30(G03 方式 $B→A$)

②分别采用 G03 指令完成 $B→A$ 所示路径的程序和采用 G02 指令完成 $A→B$ 所示路径的程序(见图 2.2.26)。

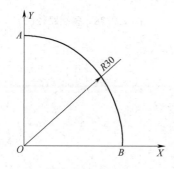

图 2.2.25　圆弧路径(1)

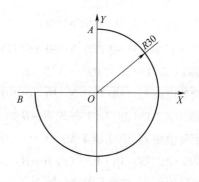

图 2.2.26　圆弧路径(2)

绝对值编程:G90 G01 X−30 Y0(G01 到 B 点)

G90 G03 X0 Y30 R-30(G03 方式 $B \to A$)

增量值编程:G90 G01 X-30 Y0(G01 到 B 点)

G90 G03 X30 Y30 R-30(G03 方式 $B \to A$)

绝对值编程:G90 G01 X0 Y30(G01 到 A 点)

G90 G02 X-30 Y0 R-30(G02 方式 $A \to B$)

增量值编程:G90 G01 X0 Y30(G01 到 A 点)

G91 G02 X-30 Y-30 R-30(G02 方式 $A \to B$)

③以 A 点为起始点分别采用 G02 指令和 G03 指令完成图 2.2.27 所示整圆程序。

绝对值编程:G90 G01 X0 Y30(G01 到 A 点)

G90 G02 I0 J-30(G02 方式 $A \to A$)

增量值编程:G90 G01 X0 Y30(G01 到 A 点)

G91 G02 I0 J-30(G02 方式 $A \to A$)

绝对值编程:G90 G01 X0 Y30(G01 到 A 点)

G90 G03 I0 J-30(G03 方式 $A \to A$)

增量值编程:G90 G01 X0 Y30(G01 到 A 点)

G91 G03 I0 J-30(G03 方式 $A \to A$)

④以 B 点为起始点分别采用 G02 指令和 G03 指令完成图 2.2.28 所示整圆程序。

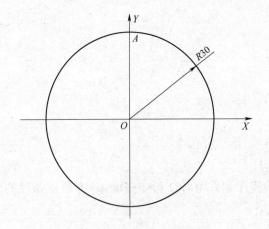

图 2.2.27 整圆路径(1)　　　　　图 2.2.28 整圆路径(2)

绝对值编程:G90 G01 X-30 Y0(G01 到 B 点)

G90 G02 I30 J0(G02 方式 $B \to B$)

增量值编程:G90 G01 X-30 Y0(G01 到 B 点)

G91 G02 I30 J0(G02 方式 $B \to B$)

绝对值编程:G90 G01 X-30 Y0(G01 到 B 点)

G90 G03 I30 J0(G03 方式 $B \to B$)

增量值编程:G90 G01 X-30 Y0(G01 到 B 点)

G91 G03 I30 J0(G03 方式 $B \to B$)

（2）在数控铣床上加工图 2.2.29 所示零件,分别在不运用刀具补偿和运用刀具补偿功能的情况下,试编程加工。

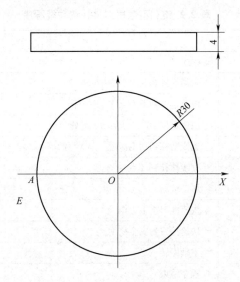

图 2.2.29　圆盘形零件

①工艺分析,工、夹、量、刀具选择见表 2.2.16。

a. 工、夹具选择。将扳手将毛坯装夹在平口虎钳上。

b. 量具选择。选用游标卡尺 0~150 mm。

c. 刀具选择。硬质合金 ϕ10 三齿立铣刀。

表 2.2.16　工、夹、量、刀具一览表

分类	名称	规格	精度	单位	数量	备注
夹具	三爪自定心卡盘			个	1	
工具	扳手			副	1	
量具	游标卡尺	0~150 mm	0.02 mm	把	1	
刀具	立铣刀	ϕ10 mm		把	1	

②制订加工工艺方案,见表 2.2.17。

表 2.2.17　机械零件加工工艺

工步号	工步内容	刀具号	切削用量	
			$S/(\text{r}\cdot\text{min}^{-1})$	$F/(\text{mm}\cdot\text{min}^{-1})$
1	铣外圆	T01	2 000	150

③制订加工路线($A\to A$)。

④确定合理的下刀点:$E(-50,-50)$。

⑤计算节点坐标。

a. 不运用刀具补偿功能节点坐标:$A(-35,0)$。

b. 运用刀具补偿功能节点坐标:$A(-30,0)$。

⑥参考程序。选取工件的圆心作为工件坐标原点,编写程序见表 2.2.18 和表 2.2.19。

表 2.2.18 不运用刀具补偿功能程序

程序	说　明
O1234;	程序名
G90 G40 G54 M03 S2000;	采用 G54 坐标系,主轴正转
G0 X-50 Y-50;	快速定位到下刀点 X 、Y 坐标
G0 Z5;	快速定位到高于工件 5 mm 处
G01 Z-4 F70;	直线插补到切削深度
G01 X-35 Y0 F500;	直线插补到 A 点
G02 I35 J0;	加工整圆
G0 X-50 Y-50;	快速推刀至下刀点
G0 Z100;	快速抬刀到安全高度
M05;	主轴停转
M30;	程序结束

表 2.2.19 运用刀具补偿功能程序

程序	说　明
O1234;	程序名
G90 G40 G54 M03 S2000;	采用 G54 坐标系,主轴正转
G0 X-50 Y-50;	快速定位到下刀点 X 、Y 坐标
G0 Z5;	快速定位到高于工件 5 mm 处
G01 Z-4 F70;	直线插补到切削深度
G01 G41 X-30 Y0 F500;	建立刀具补偿到 A 点
G02 I35 J0;	圆弧加工整圆
G0 G40 X-50 Y-50;	快速撤销刀补至下刀点
G0 Z100;	快速抬刀到安全高度
M05;	主轴停转
M30;	程序结束

⑦加工过程。

a. 加工准备。用扳手把毛坯装夹在平口虎钳上。检查机床状态,开机回零;装夹刀具;将程序输入机床。

b. 程序校验。

打开输入的程序,进行图形仿真。

操作步骤:自动→程序校验→循环启动。

c. 试切对刀。

对刀操作时注意退刀方向,对刀完毕后用手动方式验证对刀的准确性。

d. 自动加工。操作步骤同前。

e. 检测。加工后用量具检测各部分尺寸,合格后取下工件。

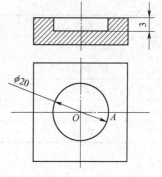

图 2.2.30 孔加工

（3）在数控铣床上加工图 2.2.30 所示零件,分别在不运用刀具补偿和运用刀具补偿功能的情况下,试编程加工。

①工艺分析。

a. 工、夹具选择。用扳手将毛坯装夹在平口虎钳上。

b. 量具选择。选用游标卡尺 0~150 mm。

c. 刀具选择。硬质合金 φ10 mm 三齿立铣刀。

工、夹、量、刀具选择见表 2.2.20。

表 2.2.20 工、夹、量、刀具一览表

分类	名称	规格	精度	单位	数量	备注
夹具	平口虎钳			个	1	
工具	扳手			副	1	
量具	游标卡尺	0~150 mm	0.02 mm	把	1	
刀具	立铣刀	φ10 mm		把	1	

②制订加工工艺方案,见表 2.2.21。

表 2.2.21 机械零件加工工艺

工步号	工步内容	刀具号	切削用量	
			$S/(\text{r} \cdot \text{min}^{-1})$	$F/(\text{mm} \cdot \text{min}^{-1})$
1	铣内圆	T01	2 000	150

③制订加工路线（$O \rightarrow O$）。

④确定合理的下刀点:$O(0,0)$。

⑤计算节点坐标。

a. 不运用刀具补偿功能节点坐标:$A(5,0)$。

b. 运用刀具补偿功能节点坐标:$A(10,0)$。

⑥参考程序。

选取工件的圆心作为工件坐标原点,编写程序见表 2.2.22 和表 2.2.23。

表 2.2.22 不运用刀具补偿功能编程

程序	说　明
O1234;	程序名
G90 G40 G54 M03 S2000;	采用 G54 坐标系,主轴正转
G0 X0 Y0;	快速定位到下刀点 X、Y 坐标
G0 Z5;	快速定位到高于工件 5 mm 处
G01 Z-4 F70;	直线插补到切削深度
G01 X5 Y0 F500;	直线插补到 A 点

程序	说　明
G03 I-5 J0;	圆弧加工整圆
G0 X0 Y0;	快速推刀至下刀点
G0 Z100;	快速抬刀到安全高度
M05;	主轴停转
M30;	程序结束

表 2.2.23　运用刀具补偿功能编程

程序	说　明
O1234;	程序名
G90 G40 G54 M03 S2000;	采用 G54 坐标系,主轴正转
G0 X0 Y0;	快速定位到下刀点 X、Y 坐标
G0 Z5;	快速定位到高于工件 5 mm 处
G01 Z-4 F70;	直线插补到切削深度
G01 G41 X10 Y0 D01 F500;	建立刀具补偿到 A 点
G03 I-10 J0;	圆弧加工整圆
G0 G40 X0 Y0;	快速撤销刀补至下刀点
G0 Z100;	快速抬刀到安全高度
M05;	主轴停转
M30;	程序结束

⑦加工过程。

a. 加工准备。

用扳手把毛坯装夹在平口虎钳上。检查机床状态,开机回零;装夹刀具;将程序输入机床。

b. 程序校验。

打开输入的程序,进行图形仿真。

操作步骤:自动→程序校验→循环启动。

c. 试切对刀。

对刀操作时注意退刀方向,对刀完毕后用手动方式验证对刀的准确性。

d. 自动加工。

操作步骤:自动方式下→首件全程单段→快速倍率最小 F0→防止撞刀→主界面:既有程序,又有坐标的界面。

e. 检测。

加工后用量具检测各部分尺寸,合格后取下工件。

(4)在数控铣床上加工图 2.2.31 所示零件,试编程加工。

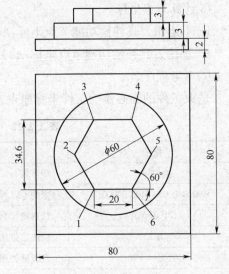

图 2.2.31　零件加工

图 2.2.31 所示六边形各顶点的坐标见表 2.2.24。

表 2.2.24 六边形各顶点坐标

	P_X	P_Y
1	-9.99	-17.30
2	-19.98	-0.00
3	-9.99	17.30
4	9.99	17.30
5	19.98	0.00
6	9.99	-17.30

①工艺分析。工、夹、量、刀具选择见表 2.2.25。

a. 工、夹具选择。将扳手将毛坯装夹在平口虎钳上。

b. 量具选择。选用游标卡尺 0~150 mm。

c. 刀具选择。硬质合金 ϕ10 mm 三齿立铣刀。

表 2.2.25 工、夹、量、刀具一览表

分类	名称	规格	精度	单位	数量	备注
夹具	平口虎钳			个	1	
工具	扳手			副	1	
量具	游标卡尺	0~150 mm	0.02 mm	把	1	
刀具	立铣刀	ϕ10 mm		把	1	

②制订加工工艺方案,见表 2.2.26。

表 2.2.26 机械零件加工工艺

工步号	工步内容	刀具号	切削用量	
			$S/(\text{r} \cdot \text{min}^{-1})$	$F/(\text{mm} \cdot \text{min}^{-1})$
1	铣六方	T01	2 000	200
2	铣圆	T01	2 000	2 000
3	铣四方	T01	2 000	2 000

③参考程序。选取工件的中心作为工件坐标原点,编写程序见表 2.2.27。

表 2.2.27 工件中心作为工件坐标原点编辑

程序	说 明
O1234;	程序名
G90 G54 M03 S2000;	采用 G54 坐标系,主轴正转
G00 X0 Y-60;	快速走刀至下刀点的 X、Y 坐标
G0 Z5;	快速走刀至下刀点的 Z 坐标
G01 Z-3 F80(铣削六方);	直线插补至切削深度
G01 G41 X0 Y-17.3 D01 F200;	建立刀具半径补偿,直线插补至六边形的水平下轮廓线
G01 X-9.99;	直线插补到六边形外轮廓线的节点坐标

程序	说　明
X−19.98 Y0;	直线插补到六边形外轮廓线的节点坐标
X−9.99 Y17.3;	直线插补到六边形外轮廓线的节点坐标
X9.99 Y17.3;	直线插补到六边形外轮廓线的节点坐标
X19.98 Y0;	直线插补到六边形外轮廓线的节点坐标
X9.99 Y−17.3;	直线插补到六边形外轮廓线的节点坐标
X0;	直线插补到六边形外轮廓线的节点坐标
G01 G40 X0 Y−60;	取消刀具半径补偿
G0 Z5;	抬刀
G01 Z−6 F100(铣削圆);	直线插补至切削深度
G01 G41 X0 Y−30 D01 F200;	建立刀具半径补偿,直线插补到圆的起点
G02 I0 J3;	顺时针圆弧插补
G01 G40 X0 Y−60;	取消刀具半径补偿
G0 Z5;	抬刀
G01 Z−8 F100(铣削四方);	直线插补至切削深度
G01 G41 X0 Y−40 D01 F200;	建立刀具半径补偿,直线插补到四方的起点
G01 X−40;	直线插补到四边形外轮廓线的节点坐标
Y40;	直线插补到四边形外轮廓线的节点坐标
X40;	直线插补到四边形外轮廓线的节点坐标
Y−40;	直线插补到四边形外轮廓线的节点坐标
X0;	直线插补到四边形外轮廓线的节点坐标
G01 G40 X0 Y−60;	取消刀具半径补偿
G0 Z100;	快速抬刀至安全高度
M05;	主轴停转
M30;	程序结束

④加工过程。

a. 加工准备。

用扳手把毛坯装夹在平口虎钳上。检查机床状态,开机回零;装夹刀具;将程序输入机床。

b. 程序校验。

打开输入的程序,进行图形仿真。

操作步骤:自动→程序校验→循环启动。

c. 试切对刀。

对刀操作时注意退刀方向,对刀完毕后用手动方式验证对刀的准确性。

d. 自动加工。

操作步骤：自动方式下→首件全程单段→快速倍率最小 F0→防止撞刀→主界面：既有程序，又有坐标的界面。

⑤检测。

加工后用量具检测各部分尺寸，合格后取下工件。

3. 孔加工

（1）在数控铣床上加工图 2.2.32 所示工件，试编程加工。

①工艺分析。工、夹、量、刀具选择见表 2.2.28。

a. 工、夹具选择。将扳手将毛坯装夹在平口虎钳上。

b. 量具选择。选用游标卡尺 0~150 mm。

c. 刀具选择。选用规格为 $\phi2$ mm 的中心钻、$\phi10$ mm 的麻花钻。

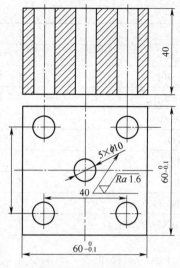

图 2.2.32　工件加工

表 2.2.28　工、夹、量、刀具一览表

分类	名称	规格	精度	单位	数量	备注
夹具	平口虎钳			个	1	
工具	扳手			副	1	
量具	游标卡尺	0~150 mm	0.02 mm	把	1	
刀具	中心钻	$\phi2$ mm		把	1	
刀具	钻头	$\phi10$ mm		把	1	

②制订加工工艺方案，见表 2.2.29。

表 2.2.29　机械零件加工工艺

工步号	工步内容	刀具号	切削用量	
			$S/(\text{r}\cdot\text{min}^{-1})$	$F/(\text{mm}\cdot\text{min}^{-1})$
1	定位孔	T01	1 000	80
2	钻孔	T02	560	40

③参考程序。选取工件的中心作为工件坐标原点，编写程序见表 2.2.30。

表 2.2.30　孔加工编程

程序	说　明
O1234;	程序名
G80 G54 G90 G40 G49 G17;	采用 G54 坐标系，取消各种功能
S1000 M03;	主轴正转，转速 1 000 r/min
G0 X0 Y0 Z50;	快速定位到 X0、Y0、Z50 处
G99 G81 X0 Y0 R5 Z−2 F80;	启用点孔循环，钻原点处定位孔，将钻头快速降到参考点，钻深 −2 mm，钻完返回 R 点，R 点高度为 5 mm
X−20 Y20;	钻左上角孔

程序	说　明
X20;	钻右上角孔
Y-20;	钻右下角孔
X-20;	钻左下角孔
G0 Z100;	快速退到安全高度
G80;	取消钻孔循环
M5;	主轴停转
M0;	程序暂停,换上 ϕ10 mm 麻花钻
M03 S560 M07;	主轴正转,转速 560 r/min,打开冷却液
G0 X0 Y0 Z50;	快速定位到 X0、Y0、Z50 处
G99 G83 X0 Y0 R5 Z-42 Q-2 K1 F40;	启用深孔钻循环,钻原点处通孔,将钻头快速降到参考点,钻深-42 mm,钻完返回 R 点,R 点高度为 5 mm。每次退刀后,再由快速进给转换为切削进给时,距上次加工面的距离为 1 mm,每次进给 2 mm。
X-20 Y20;	钻左上角通孔
X20;	钻右上角通孔
Y-20;	钻右下角通孔
X-20;	钻左下角通孔
G0 Z100 M09;	快速退到安全高度,关闭冷却液
G80 M30;	取消钻孔循环,程序结束

④加工过程如下所述。

a. 加工准备。用扳手把毛坯装夹在平口虎钳上。检查机床状态,开机回零;装夹刀具;将程序输入机床。

b. 程序校验。

打开输入的程序,进行图形仿真。

操作步骤:自动→程序校验→循环启动。

c. 试切对刀。对刀操作时注意退刀方向,对刀完毕后用手动方式验证对刀的准确性。

d. 自动加工。

操作步骤:自动方式下→首件全程单段→快速倍率最小 F0→防止撞刀→主界面:既有程序,又有坐标的界面。

⑤检测。加工后用量具检测各部分尺寸,合格后取下工件。

(2)图 2.2.33 在数控铣床上镗如下孔,试编程加工。

①工艺分析。工、夹、量、刀具选择见表 2.2.31。

a. 工、夹具选择。用扳手将毛坯装夹在平口虎钳上。

b. 量具选择。选用游标卡尺 0~150 mm。

c. 刀具选择。选用规格为 ϕ3 mm 的中心钻、ϕ25 mm 的麻花钻、ϕ29.6 mm 粗镗刀、ϕ30 mm 精镗刀。

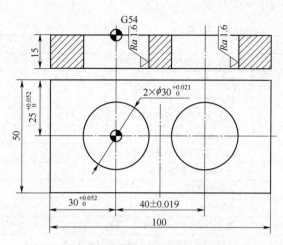

图 2.2.33

表 2.2.31 工、夹、量、刀具一览表

分类	名称	规格	精度	单位	数量	备注
夹具	平口虎钳			个	1	
工具	扳手			副	1	
量具	游标卡尺	0~150 mm	0.02 mm	把	1	
刀具	中心钻	ϕ3 mm		把	1	
刀具	钻头	ϕ25 mm		把	1	
刀具	粗镗刀	ϕ29.6 mm		把	1	
刀具	精镗刀	ϕ30 mm		把	1	

②制订加工工艺方案,见表 2.2.32。

表 2.2.32 机械零件加工工艺

工步号	工步内容	规格	切削用量	
			$S/(\text{r} \cdot \text{min}^{-1})$	$F/(\text{mm} \cdot \text{min}^{-1})$
1	定位孔	T01	1 200	30
2	钻孔	T02	180	30
3	粗镗	T03	700	45
4	精镗	T04	900	25

③参考程序。选取工件左边 ϕ30 mm 的孔中心处作为工件坐标原点,编写程序见表 2.2.33。

表 2.2.33 镗孔加工编程

程序	说 明
O1234;	主程序名
G0 G90 G40 G80 G17 G54;	绝对编程,初始平面,取消刀补,取消固定循环,切削指定主平面
M6 T1;	换1号刀;ϕ3 mm 中心钻,钻中心定位孔
M3 S1200 F30;	主轴正转,转速 1 200 r/min,进给速度 30 mm/min

程序	说　明
G0 X0 Y0;	建立工件坐标系,快速定位
G0 G43 Z50 H01;	快速进刀,加入刀具长度补偿值
M8;	切削液开
G98 G81 X0 Y0 Z-4 R3;	模态调用钻孔循环(回初始平面)
X40 Y0;	定位钻孔位置点
G80 G0 Z30;	取消固定循环 Z 轴回退
M5 M9;	主轴转停,切削液关
G0 G53 G49 Z0;	Z 轴回零点
M19;	主轴定位
M6 T2;	换 2 号刀;ϕ25 mm 钻头;钻孔
M3 S180 F35;	主轴正转,转速 180 r/min,进给速度 35 mm/min
G0 X0 Y0;	快速定位
G0 G43 Z50 H02;	快速进刀,加入刀具长度补偿值
M8;	切削液开
G98 G81 X0 Y0 Z-22 R3;	模态调用钻孔循环(回初始平面)
X40 Y0;	定位钻孔位置点
G80 G0 Z30;	取消固定循环 Z 轴回退
M5 M9;	主轴转停,切削液关
G0 G53 G49 Z0;	Z 轴回参考点即零点
M19;	主轴定位
M6 T3;	换 3 号刀;ϕ29.6 mm 粗镗刀,镗孔
M3 S700 F45;	主轴正转,转速 700 r/min,进给速度 45 mm/min
G0 X0 Y0;	快速定位
G0 G43 Z50 H03;	快速进刀,加入刀具长度补偿值
M8;	切削液开
G98 G85 X0 Y0 Z-17 R3;	模态调用镗孔循环(回初始平面)
X40 Y0;	定位镗孔位置点
G80 G0 Z30;	取消固定循环,Z 轴回退
M5 M9;	主轴转停,切削液关
G0 G53 G49 Z0;	Z 轴回参考点即零点
M19;	主轴定位
M6 T4;	换 4 号刀;ϕ30 mm 精镗刀,精镗孔
M3 S950 F25;	主轴正转,转速 950 r/min,进给速度 25 mm/min
G0 X0 Y0;	快速定位
G0 G43 Z50 H04;	快速进刀,加入刀具长度补偿值
M8;	切削液开
G98 G86 X0 Y0 Z-22 R3;	模态调用镗孔循环(回初始平面)
X40 Y0;	定位镗孔位置点
G80 G0 Z30;	取消固定循环,Z 轴回退
G0 Z100;	快速抬刀
G0 G53 G49 Z0;	Z 轴回参考点即零点
M5 M9;	主轴转停,切削液关
M30;	程序结束

④加工过程

a. 加工准备。用扳手把毛坯装夹在平口虎钳上。检查机床状态,开机回零;装夹刀具;程序输入机床。

b. 程序校验。

打开输入的程序,进行图形仿真。

操作步骤:自动→程序校验→循环启动。

c. 试切对刀。对刀操作时注意退刀方向,对刀完毕后用手动方式验证对刀的准确性。

d. 自动加工。

操作步骤:自动方式下→首件全程单段→快速倍率最小 F0→防止撞刀→主界面:既有程序,又有坐标的界面。

⑤检测。

加工后用量具检测各部尺寸,合格后取下工件。

 ## 思考与练习

一、问答题

1. 数控程序的概念。

2. 自动编程的特点。

3. 熟记常用 G 代码、M 代码和固定循环代码。

4. 工序的划分方法。

5. 夹具的选用原则。

6. 刀具磨损的常用判断方法。

7. 什么是顺铣和逆铣?

二、操作练习

1. 试编程加工图 2.2.34 所示零件。

2. 试编程加工图 2.2.35 所示零件。

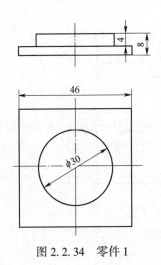

图 2.2.34 零件 1

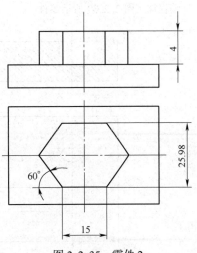

图 2.2.35 零件 2

3. 试编程加工图 2.2.36 所示零件。

4. 试编程加工图 2.2.37 所示零件。

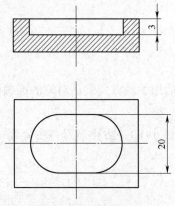

图 2.2.36　零件 3

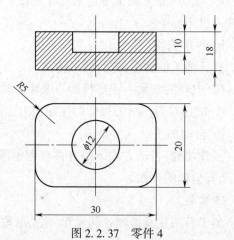

图 2.2.37　零件 4

5. 试编程加工图 2.2.38 所示零件。

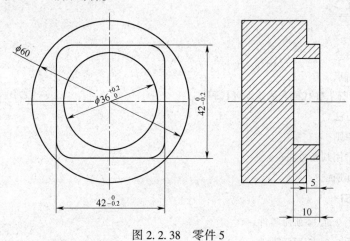

图 2.2.38　零件 5

6. 试编程加工图 2.2.39 所示零件。

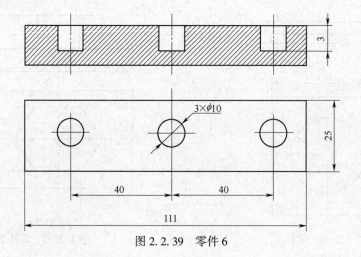

图 2.2.39　零件 6

第三单元 电火花成型加工及线切割技术

模块一 电火花加工技术

课题 电火花成型加工技术加工原理

 学习目标

1. 掌握数控电火花成型机床的加工原理。
2. 掌握数控电火花成型机床的加工特点。

相关知识

1. 加工原理

电火花加工又称放电加工(Electrical Discharge Machining,EDM),是一种利用电、热能量进行加工的方法。其工作原理是利用工具电极和工件之间脉冲性火花放电,产生瞬间、局部的高温蚀除金属,达到零件设计要求的尺寸、形状及表面质量。从微观上看,电火花蚀除是电场力、热力、流体动力、电化学和胶体化学等综合作用的过程。

2. 电火花加工的特点及条件

电火花加工是与机械加工完全不同的一种新工艺,其特点如下:

①脉冲放电的能量密度高,便于加工普通机械难于加工或无法加工的特殊材料和复杂形状的工件;不受材料硬度影响;不受热处理状况影响。

②脉冲放电持续时间极短,放电时产生的热量扩散范围小,材料受热影响范围小。

③加工过程中,工具电极与工件材料不接触,两者之间宏观作用力极小;工具电极材料不需要比工件材料硬。

④可以优化工件结构,简化加工工艺,提高工件使用寿命,降低工人劳动强度。

⑤只能用于加工金属等导电材料;加工速度一般较慢;电极损耗会影响加工工件表面质量。

实践经验表明,把火花放电转化为有用的加工技术,必须满足以下条件:

①工具电极和工件被加工表面之间须保持一定的放电间隙。这一间隙随工作条件而定,通常约为几微米至几百微米。为此,在电火花加工过程中必须具有工具电极的自动进给和调节装置。

②电火花加工必须采用脉冲电源。脉冲电源是使火花放电为瞬时的脉冲性放电的电源,并在放电延续一段时间后,停歇一段时间(放电延续时间一般为 0.000 1~1 μs)。

③火花放电必须在具有一定绝缘性能的液体介质中进行。

3. 加工工艺方法分类

按照工具电极和工件相对运动的方式和用途的不同,大致可分为以下 6 种加工工艺方法:

①电火花成形加工。工具电极为成形电极,适用于各种模具、型腔、内螺纹、各种孔等的加工。

②电火花线切割加工。工具电极为电极丝,用于切割各种模具、下料、截割和窄缝加工。

③电火花磨削。工具电极与工件有旋转、径向和轴向运动,可用于加工精度高、表面粗糙度值小的孔及外圆。

④电火花同步共轭回转加工。成形工具电极与工件均做旋转、纵横向运动,用于加工各种复杂型面的零件,精密螺纹和内、外回转体表面等。

⑤电火花高速小孔加工。采用单芯和多芯电极,芯内冲入高压水基工作液,适用于线切割预穿丝孔、深径比很大的小孔加工。

⑥电火花表面强化。工具电极在工件表面上振动,在空气中放火花,用于模具刃口和刀、量具刃口表面强化和镀覆。

4. 电火花成形加工机床

(1)机床的分类

按控制方式分:普通数显电火花成形加工机床、单轴数控电火花成形加工机床、多轴数控电火花成形加工机床。其中,单轴数控电火花成形加工机床只能控制单个轴的运动,精度低,加工范围小;多轴数控电火花成形加工机床能同时控制多轴运动,精度高,加工范围广。

按机床结构分:固定立柱式数控电火花成形加工机床、滑枕式数控电火花成形加工机床、龙门式数控电火花成形加工机床。

按电极交换方式分:手动式电火花成形机床、自动式电火花成形机床。

(2)机床的组成

数控电火花成形加工原理如图 3.1.1 所示。由于功能的差异,导致数控电火花成形加工机床在布局和外观上有很大不同,但其基本组成是一样的,即均由床身、立柱、主轴头、工作台、脉冲电源、数控装置、工作液循环系统、伺服进给系统等组成,如图 3.1.2 所示。

主轴头是电火花成形加工机床的一个关键部件,由伺服进给机构、导向和防扭机构组成。辅助机构由 3 部分组成,作用是控制工件与工具电极之间的放电间隙。

工作台主要用来支承和装夹工件。在实际加工中,通过转动纵向丝杠改变电极和工件的相对位置。工作台上装有工作液箱,用来容纳工作液,使电极和工件浸泡在工作液中,起到冷却和排屑的作用。

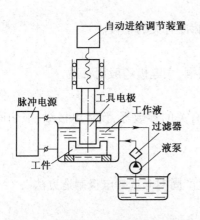

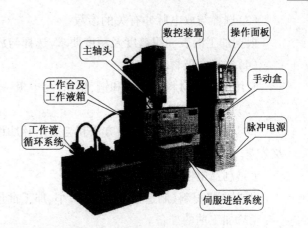

图 3.1.1 数控电火花成形加工原理   图 3.1.2 数控电火花成形加工机床

自动进给调节系统用于改变、调节进给速度,使进给速度接近并等于电腐蚀速度,维持设定的放电间隙,使放电加工稳定进行,从而获得比较好的加工效果。

脉冲电源的作用是将工频交流电转变成一定频率的定向脉冲电流,为电火花成形加工提供所需能量。

5. 电火花成形加工的适用范围

①可以加工任何难加工的金属材料和导电材料。可以实现用软的工具加工硬、韧的工件,甚至可以加工聚晶金刚石、立方氮化硼一类的超硬材料。目前电极材料多采用紫铜或石墨,因此工具电极较容易加工。

②可以加工形状复杂的表面。电火花成形加工特别适用于复杂表面形状工件的加工,如复杂型腔模具的加工。电火花成形加工采用数控技术以后,使得用简单的电极加工复杂形状零件成为现实。

③可以加工薄壁、弹性、低刚度、微细小孔、异形小孔、深孔等有特殊要求的零件。由于加工过程中工具电极和工件不发生接触,因此没有机械加工的切削力,更适宜加工低刚度工件及微细工件。

 操作实训

1. 数控电火花成形加工过程

数控电火花成形加工过程中,必须综合考虑机床特性、零件材质、零件的复杂程度等因素对加工的影响,针对不同的加工对象,其工艺过程有一定差异。以常见的型腔加工工艺路线为例,操作过程如下。

(1)工艺分析

对零件图进行分析,了解工件的结构特点、材料,明确加工要求。

(2)选择加工方法

根据加工对象、精度及表面粗糙度等要求和机床功能,选择单电极加工、多电极加工、单电极平动加工、分解电极加工、二次电极法加工或是单电极轨迹加工。

（3）选择与放电脉冲有关的参数

根据加工的表面粗糙度及精度要求,选择与放电脉冲有关的参数。

（4）选择电极材料

常用的电极材料是石墨和铜,精密、小电极一般用铜,大电极一般用石墨。

（5）设计电极

按零件图要求,根据加工方法和与放电脉冲设定有关的参数等,设计电极纵、横切面尺寸及公差。

（6）制造电极

根据电极材料、制造精度、尺寸大小、加工批量、生产周期等选择电极制造方法。

（7）加工前的准备

对工件进行电火花加工前,应完成钻孔、攻螺纹、铣、磨、锐边倒校去毛刺、去磁、去锈等工序。

（8）热处理安排

对需要淬火处理的型腔,根据精度要求安排热处理工序。

（9）编制、输入加工程序

根据机床功能设置,一般采用国际标准 ISO 代码。

（10）装夹与定位

方法略。

（11）开机加工

选择加工极性,设置电规准,调节加工参数,调整机床,保持适当的液面高度和适当的电流,调节进给速度、充油压力等。随时检查工件加工情况,遵守安全操作规程进行操作。

（12）加工结束

检查加工零件是否符合图纸要求,对零件进行清理;关机并打扫工作场地和机床卫生。

 思考与练习

一、问答题

1. 数控电加工的概念。

2. 数控电加工的特点。

二、操作练习

1. 熟悉数控电加工的控制面板操作。

2. 编程零点设定在工件上表面的练习。

模块二 线切割加工技术

课题 数控电火花线切割加工

学习目标

1. 学习并熟练掌握数控电火花机床的组成。
2. 数控电火花线切割加工的应用。

相关知识

1. 数控电火花线切割加工机床

数控电火花线切割加工原理如图 3.2.1 所示。

数控电火花线切割机床的外形如图 3.2.2 所示,其组成包括机床主机、脉冲电源和数控装置 3 大部分。

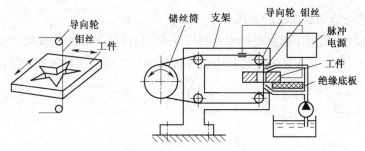

图 3.2.1　数控电火花线切割原理

图 3.2.2　数控电火花线切割机床

（1）机床主机

机床主机由运丝机构、工作台、床身、工作液系统等组成。

①运丝机构：电动机通过联轴节带动储丝筒交替做正、反向转动，钢丝整齐地排列在储丝筒上，并经过丝架做往复高速移动（线速度为 9 m/s 左右）。

②工作台：用于安装并带动工件在工作台平面内做 X、Y 两个方向的移动。工作台分上下两层，分别与 X、Y 向丝杠相连，由两个步进电动机分别驱动。步进电动机每接收到计算机发出的一个脉冲信号，其输出轴就旋转一个步距角，通过一对齿轮变速带动丝杠转动，从而使工作台在相应的方向上移动 0.01 mm。工作台的有效行程为 250 mm×320 mm。

③床身：用于支承和连接工作台、运丝机构、机床电器及存放工作液系统。

工作液系统：由工作液、工作液箱、工作液泵和循环导管组成。工作液起绝缘、排屑、冷却的作用。每次脉冲放电后，工件与钢丝之间必须迅速恢复绝缘状态，否则脉冲放电就会转变为稳定持续的电弧放电，影响加工质量。在加工过程中，工作液可把加工过程中产生的金属颗粒迅速从电极之间冲走，使加工顺利进行。工作液还可冷却受热的电极和工件，防止工件变形。

（2）脉冲电源

脉冲电源又称高频电源，其作用是把普通的 50 Hz 交流电转换成高频率的单向脉冲电压。加工时，钢丝连接脉冲电源负极，工件连接正极。

（3）数控装置

数控装置以 PC 为核心，配备有其他一些硬件及控制软件。加工程序可用键盘输入或磁盘输入。通过它可实现放大、缩小等多种功能的加工，其控制精度为 ±0.001 mm，加工精度为 ±0.001 mm。

2. 数控电火花线切割加工的应用

数控电火花线切割加工已在生产中获得广泛应用，目前国内外的线切割机床已占电加工机床的 60%以上。图 3.2.3 所示为数控电火花线切割加工出的多种表面和零件。

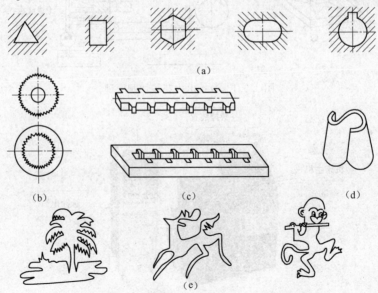

图 3.2.3　数控电火花线切割加工的生产应用

（1）加工模具

适用于加工各种形状的冲模、注塑模、挤压模、粉末冶金模、弯曲模等。

（2）加工电火花成形加工用的电极

一般穿孔加工用的电极、带锥度型腔加工用的电极、微细复杂形状的电极，以及铜钨。银钨合金之类的电极材料，用线切割加工较经济。

（3）加工零件

可用于加工材料试验样件、各种型孔、特殊齿轮凸轮、样板、成形刀具等复杂形状零件及高硬材料的零件，可进行微细结构、异形槽和标准缺陷的加工；试制新产品时，可在坯料上直接割出零件；加工薄件时可多片叠在一起加工。

 操作实训

1. 加工程序的编制

（1）手工编程

手工编程就是用规定的代码编写加工程序。数控电火花线切割机床所用的程序格式有3B，4B，ISO 等。近年来所生产的数控电火花线切割机床使用的是计算机数控系统，采用 ISO 格式，而早期的机床常采用 3B，4B 格式。下面用实例简要介绍用 ISO 格式的编程方法。

【例】　根据图 3.2.4 所示，编制一个加工程序。

编程前先根据编程和装夹需要确定坐标系和加工起点。本例编程坐标系和加工起点确定如图 3.2.4 所示。

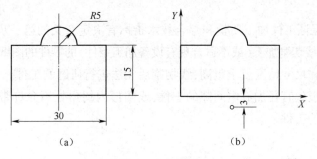

（a）　　　　　　　　　　　　（b）

图 3.2.4　凸摸

程序如下：

H000＝0 H001。110；（给变量赋值，H001 代表偏移量）

T84 T86；（开水泵，开丝筒）

G54 G90 G92 X15 Y3 U0 V0；（选工作坐标系、绝对坐标，设加工起点坐标）

C005；（选加工条件）

G42 H000；（设置偏移模态，右偏，表示要从零开始加偏移量）

（GS IA000；）（此指令只有切锥度时才使用，表示右锥）

G01 X15 Y0；（进刀线）

G42 H001；（程序执行到此表示偏移量已被加上，其后的运动都是以带偏移的方式来加工）

（G51A1000；）（以左锥的方式加 11"锥，按此例加工后上小下大）

G01 X30 Y0；（加工直线）

Y15；（加工直线，模态、坐标不变时可省略）

X20；

G03 X10. Y15. I-5 J0；［加工圆弧，逆时针，终点坐标为（10,15），圆心相对于起点的坐标为（-5,0）］

G01 X0 Y15；（加工直线）

Y0；

X15；

G40 H000（G50A000）G01 X15 Y3；［在退刀线上消去偏移（和锥度），退到起点］

T85 T87 M02（关水泵，关丝筒，程序结束）

注：用括号括起来的程序不执行。

（2）自动编程

自动编程是指输入图形之后，经过简单操作，即由计算机编出加工程序。自动编程分为 3 步：输入图形，生成加工轨迹，生成加工程序。对简单或规则的图形，可利用 CAD/CAM 软件的绘图功能直接输入；对不规则图形，可以用扫描仪输入，经位图矢量化处理后使用。前者能保证尺寸精度，适用于零件加工；后者会有一定误差，适用于毛笔字和工艺美术图案的加工。

2. 线切割加工过程

1）准备工作

（1）分析图纸

分析图纸是对保证工件加工质量和综合技术指标有决定意义的第一步。在分析图纸的同时，可挑出不宜采用线切割加工（或不适合现有设备加工条件）的零件的图纸，大致有以下几种：

①表面粗糙度和尺寸精度要求很高，线切割后无法进行研磨的工件。

②窄缝小于电极丝直径加放电间隙的工件，或图形内拐角处不允许带有电极丝半径加放电间隙所形成圆角的工件。

③非导电材料。

④厚度超过丝架跨距的零件。

⑤加工长度超过 XY 拖板的有效行程长度，且精度要求较高的工件。

（2）准备材料

根据图纸要求，选择适宜的加工材料。

（3）装夹和调整工件

最常用的是桥式支撑装夹方式，压板夹具固定。在装夹时，两块垫铁各自斜放，使工件和垫铁之间留有间隙，方便电极丝位置的确定。用百分表找正调整工件，使工件的底平面和工作台平行，工件的直角侧面与工作台的 X1 向互相平行。

（4）上丝、紧丝和调垂直度

将电极丝调到松紧适宜，用火花法调整电极丝的垂直度，即使电极丝与工件的底平面（装夹面）垂直。

（5）调整电极丝位置

为了保证工件内形相对于外形的位置精度和下型腔的装配精度，必须使电极丝的起始切割点位于下型腔的中心位置。电极丝位置的调整采用火花四面找正法。

2）ISO 编程

可采用手丁编程或自动编程。

3）加工

（1）选择加工电参数

根据工件厚度和表面粗糙度 Ra 值，选择电参数。

（2）切割

准备工作都结束后，按下回车键进行切割。有两种切割方向，正向和反向，正向切割和编程的切割方向一致，反向切割正好和编程的切割方向相反。切割过程中，调节工作液的流量大小，使工作液始终包住电极丝，这样切割比较稳定；也可随时调整电参数，在保证尺寸精度和表面粗糙度的前提下，提高加工效率。

（3）加工的注意事项

①在加工过程中发生整短路时，控制系统会自动发出回退指令，开始做原切割路线回退运动，直到脱离短路状态，重新进入正常切割加工。

②加工过程中若发生断丝，控制系统会立即停止运丝和输送工作液，并发出两种执行方法的指令：一是回到切割起始点，重新穿丝，这时可选择反向切割；二是在断丝位置穿丝，继续切割。

③跳步切割过程中，穿丝时一定要注意电极丝是否在导轮的中间，否则会发生断路，引起不必要的麻烦。

4）电火花高速小孔加工

电火花高速小孔加工是近年来发展起来的高效电加工工艺。

（1）电火花高速小孔加工的特点

采用中空管状电极。中空管状电极是由专业厂特殊冷拔生产的，有单芯管和多芯管两种，直径为 0.3~3 mm。管中通入 1~5 MPa 的高压工作液，将电极损耗物迅速排除，并且能够强化火花放电的蚀除作用，因此加工速度高，一般可达 20~60 mm/min，比普通钻削小孔的速度快。

（2）加工时电极做轴向进给和回转运动

加工时工具电极做轴向进给运动，使电极管"悬浮"在孔心，不易产生短路，可加工出直线度和圆柱度均好的小深孔。同时，电极做回转运动能使端面损耗均匀，不致因受高压、高速工作液的反作用力而偏斜，其加工原理如图 3.2.5 所示。

（3）电火花高速小孔加工的应用

电火花高速小孔加工主要用于加工不锈钢、淬火钢和硬质合金等难加工的导电材料工件上的小孔，如化纤喷丝孔、滤板孔、发动机叶片、缸体的散热孔及液压、气动阀体的油路孔、气路孔、深孔钻孔等，并能方便地从工件的斜面、曲面穿入。加工孔的最大深径比能达到 200：1。

（4）电火花高速小孔加工机床

数控电火花高速小孔加工机床主要由主轴、旋转头、坐标工作台、机床电气、操纵盒等组成，如图 3.2.6 所示。其中旋转头装在主轴头的滑块上，可实现电极的装夹、旋转、导电及旋转时高压工作液的密封等功能。

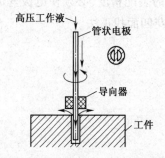

图 3.2.5 电火花高速小孔加工示意图

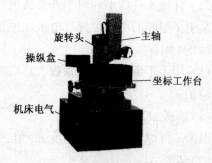

图 3.2.6 电火花高速小孔加工机床

5）机床加工操作过程

（1）开机准备

接上 380 V/50 Hz 电网电源，合上左侧的总开关，将面板上的【急停】开关顺时针旋一下，使之弹出，则整机带电，风扇运行。

（2）装卡工件、电极

①上扳【锁停】开关键，使主轴处于锁停状态。利用手动开关键让主轴处于合适位置。

②利用压板 T 形螺杆将工件固定在工作台上，要使固定牢靠，不能松动。

（3）根据电极直径选择相应的密封圈

（4）装夹电极

（5）加工

①根据电极直径、电极工件材料、被加工工件表面粗糙度等，设置好脉冲参数和加工电流。

②移动拖板将工件移至所需位置，使电极对准加工位置。

③打开工作液泵，调节压力阀，使工作液从电极出口处有力射出。

④打开加工电源开关键，进行加工。此期间，观察放出火花和工作液喷射情况。

⑤加工结束（孔穿后，在工件下端面的孔口处可看见火花及喷水）后关闭加工电源，工作液压泵 J 轴自动回升，当电极完全退出所加工的孔后，将【锁停】开关键上扳，主轴锁停，再将导向器抬起，卸下工件。

6）关机

确认不再加工后，按下【急停】按钮，然后将总开关下扳，切断总电源，清洁工作台面并擦拭机床。

3. 应用实例

1）电火花加工应用实例

（1）工件毛坯准备

电火花加工前，应先对工件的外形尺寸进行机械加工，使其达到一定的要求。在此基础上，应做好以下准备工作。

①加工预孔。

电火花加工前，工件的型孔部分要进行预加工，并留出适当的电火花加工余量，以能补偿热处理产生的变形、电火花加工的定位误差及机械加工误差为宜。若余量太大,将会增加工时、降低效率;若余量太小,则不易定位找正,甚至使型孔达不到要求的尺寸精度和表面粗糙度而造成废品。一般情况下每边留 0.3~1.5 mm 的余量,并力求轮廓四周均匀。对于形状复杂的型孔,余量应适当增大。

②工件热处理。

在工件热处理前,除预孔外,工件上的螺纹孔、定位销孔也要加工出来,故应先采取防护措施,然后再进行热处理,工件的淬火硬度一般要求为 58~62HRC。

③磨光、除锈、去磁。

为消除因淬火引起的工件变形,在淬火后要磨光工件上、下两平面和定位基准面,经检验无淬火裂纹,除锈去磁后便可进行电火花加工。

(2)工件和电极的装夹与校正定位

①电极的装夹与校正。电极装夹与校正的目的是使电极正确、牢固地装夹在机床主轴的电极夹具上,使电极轴线和机床主轴轴线一致,保证电极与工件的垂直度。对于小电极,可利用电极夹具装夹,如图 3.2.7 所示。对于较大的电极,可用主轴下端连接法兰上的以 a、b、c 三个基面作基准直接装夹,如图 3.2.8 所示。对于石墨电极,可与连接板直接固定后再装夹。

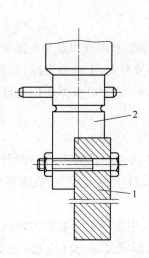

图 3.2.7 用电极夹具装小电极
1—电极;2—夹具

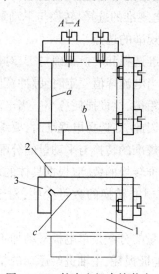

图 3.2.8 较大电极直接装夹
1—电极;2—主轴法兰;3—连接法兰

电极装夹后,应进行校正,主要是检查其垂直度。对侧面有较长直壁面的电极,可采用精密角尺和百分表校正,如图 3.2.9 和图 3.2.10 所示。对于侧面没有直壁面的电极,可按电极(或固定板)的上端面作辅助基准,用百分表检验电极上端面与工作台面的平行度,如图 3.2.11 所示。

②工件的装夹与定位。

一般情况下,工件可直接装夹在垫块或工作台上。如果采用下冲油时,工件可装夹在油杯上,用压板压紧。工作台有坐标移动时,应使工件中心线和十字拖板移动方向一致,以便电极和工件的校正定位。

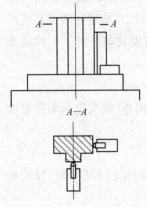
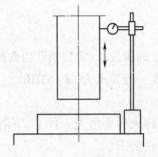
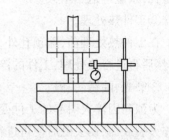

图 3.2.9　精密角尺校正电极　　图 3.2.10　百分表校正电极　　图 3.2.11　检测电极上端面的平行度

在定位时,如果工件毛坯留有较大加工余量,可画线后用目测法大致调整好电极与工件的相互位置,接通脉冲电源弱规准加工出一个浅印。根据浅印进一步调整工件和电极的相互位置,使型腔周边加工余量尽量一致。加工余量少的型腔定位较困难,必须借助量具(块规、百分表等)进行精确定位后,才能进行加工。

(3)电规准的选择、转换与平动量的分配

①电规准的选择。

电规准选择和转换正确与否,对型腔表面的加工精度、表面粗糙度以及生产效率均有很大的影响。当电流峰值一定时,脉冲宽度愈宽,则单个脉冲能量愈大,生产率愈高,间隙愈大,工件表面愈粗糙,电极损耗愈小。当电流峰值增加时,则生产率增加,电极损耗加大且与脉冲宽度有关。因此,在选择电规准时,要综合考虑以上因素。

②电规准的转换与平动量的分配。

电规准转换的数,应根据具体的加工对象来确定。对于尺寸小、形状简单、深度浅的型腔,加工时电规准转换的数可少些;对于结构复杂、尺寸大、深度大的型腔,电规准的转换数要多些。

平动量的分配是单电极平动加工的一个很重要的问题,主要决定于被加工表面修光余量的大小、电极损耗、主轴进给运动的精度等因素。对于加工形状复杂、棱(或槽)较小,深度较浅、尺寸较小的型腔平动量应小些,反之则应选大些。因为粗、中、精各电规准加工所产生的放电凹坑的深浅不同,所以电极平动量不能按电规准数平均分配。一般中规准加工的平动量为总平动量的75%~80%。中规准加工后留很小余量,用精规准修光。考虑到中规准加工时电极有损耗,主轴进给运动和平动头运动有误差,以及电极本身的制造精度和装夹精度的影响,中规准平动加工到最后一挡结束时,必须测量实际型腔尺寸,并按测量结果调整平动头偏动量的大小,以补偿电极损耗和其他误差的影响,提高型腔的尺寸精度。

每次平动量值采用微量调节、多次调整的办法,以获得最佳工艺效果。每增加一次平动量,必须使电极在型腔内上下往复修整。平动速度不宜太快,使型腔各个型面充分放电。同时,电极与型腔表面不要发生碰撞或短路,待充分蚀除后再继续加大平动量,直至修整到型腔各面均匀,达到所用规准的表面粗糙度后再转入下一规准加工。

平动头工作时做平面圆周运动。加工时,型腔底面上的圆弧凹坑最低处会形成一个以平动量为半径的圆形小平面。因此,侧面修光后,随着加工深度的增加,应逐渐减小平动量,以减小圆弧凹坑的平面。

采用晶闸管电源、石墨电极加工型腔时,电规准转换与平动量分配见表3.2.1。

表 3.2.1　电规准的转换与平动量分配

加工类别	加工规准				平动量 e/mm	进给量 e/mm	备　　注
	脉冲宽度 t_i/μs	脉冲间隔 t_p/μs	电源电压 U/V	加工电流 I/A			
粗加工	600	350	80	35	0	0.6	
中加工 (Ra:20~ 5 μm)	400	250	60	15	0.2	0.3	加工型腔深度 10 mm,电极双面收缩量为 1.2 mm,工件材料为 CrWMn
	250	200	60	10	0.35	0.2	
	50	50	100	7	0.45	0.12	
精加工 (Ra:2.5~ 1.25 μm)	15	35	100	4	0.52	0.06	
	10	23	100	1	0.57	0.02	
	6	19	80	0.5	0.6		

采用晶体管复合脉冲电源、紫铜电极加工型腔时,电规准转换与平动量分配见表3.2.2。

表 3.2.2　电规准的转换与平动量分配

序号	加工规准						加工极性	修面修量/mm			端面修量/mm		备　　注
	高压脉冲宽度/μs	低压脉冲宽度/μs	低压脉冲间隔/μs	精加工电容/μF	高压电流峰值/A	低压电流峰值/A		与上规格间隙差(双面)	修光量(双面)	总平动量(双面)	与上规准间隙差	加工深度	
1	60	1 000	100		5.4	48	−						
2	60	20	50		5.4	24	−	0.38	0.09	0.47	0.14	0.19	
3	20	50	20		5.4	8	−	0.20	0.05	0.72	0.10	0.32	
4	10	2	20		5.4	4.8	+	0.11	0.02	0.85	0.06	0.39	
5	10			0.05	5.4		+	0.20	0.01	0.88	0.01	0.41	电极双面收缩量 0.9 mm,型腔深度大于 30 mm,电极双面收缩量 0.043
6	5			0.02	5.4	24	+	0.005	0.005	0.89	0.005	0.42	
7	60	200	50		5.4	8	−						
8	20	50	50		5.4	4.8	−	0.2	0.05	0.25	0.1	0.13	
9	10	2	20		5.4		−	0.11	0.02	0.38	0.055	0.2	
10	10			0.05	5.4		−	0.02	0.01	0.41	0.01	0.22	
11	5			0.05	5.4		−	0.005	0.005	0.42	0.005	0.23	

(4)加工实例

①型孔加工实例。

a. 级进模型孔加工。

图 3.2.12 所示为继电器接触片的级进模型孔简图。其中,工件材料、组合电极材料均为 Cr12,刃口高度为 7 mm,表面粗糙度 Ra0.25~0.63 μm,加工时间约为 6 h。

b. 定子复式冲模型孔加工。

图 3.2.13 所示为电机定子复式冲模型孔简图。其中,工件材料、电极材料均为 CrlZ,加工周长为 3 460 mm,刃口高度为 15 mm,双边间隙为 0.055 mm,表面粗糙度 $Ra2.5 \sim 1.25$ μm,加工时间约为 13 h,采用四回路晶体管复合脉冲电源,电参数如表 3.2.3 所示。

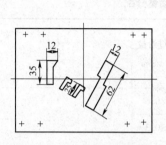

图 3.2.12 级进模型简图

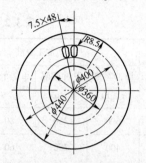

图 3.2.13 复式冲模型孔简图

表 3.2.3 加工定子复式冲模型孔电参数

| 加工 规 准 | | | | 平动量 e/mm | 电极 材料 | 加工 时间/h |
脉冲频率 f/Hz	脉冲宽度 t_1/μs	加工电流 I/A	电源电压 U/V			
600 ~ 20 000	5 ~ 1 000	2 ~ 50	50 ~ 100	1.2	石墨	27.5
600 ~ 30 000	2 ~ 1 000	1.5 ~ 60	50 ~ 100	1.4	石墨	38

②型腔加工实例。

电视机后盖塑料注射模的型腔,由于其放电面积较大,加工深度较深,电极和工件的质量较大,它属于形状复杂的中型型腔。所以加工时机床的主轴要承担较大质量而且灵敏度要高。要求平动头的刚性要好,脉冲电源能大电流长时间连续工作,而且稳定可靠。加工时,要采取合理的操作工艺。如开始加工时,由于电极和工件只是局部接触,所以加工电流不能太大。否则,会使局部电流密度过大而造成烧伤。当放电面积逐渐增大后,再相应增加电流。如加工 63.5 cm 电视机后盖塑料注射模型腔,电极质量为 60 kg,加工深度 220 mm,放电面积为 180 000 mm,预加工后余量为 5 ~ 7 mm,工件材料为 CrWMn,采用晶闸管脉冲电源,其加工规准见表 3.2.4。

表 3.2.4 电视机后盖塑料模型加工规准

| 加工 规 准 | | | | 平动量 e/mm | 电极 材料 | 加工 时间/h |
脉冲频率 f/Hz	脉冲宽度 t_1/μm	加工电流 I/A	电源电压 U/V			
600 ~ 20 000	5 ~ 1 000	2 ~ 50	50 ~ 100	1.2	石墨	27.5
600 ~ 30 000	2 ~ 1 000	1.5 ~ 60	50 ~ 100	1.4	石墨	38

2)电火花线切割加工应用实例

线切割加工的工艺过程有其独自的特点。一般线切割模具零件的工艺过程是:下料→锻造→退火→机械粗加工→淬火与回火→磨削加工→线切割加工→钳修。这种工艺路线的特点是:整个坯料经过机械粗加工、淬火与回火后,材料内部的残余应力显著增加,材料表层中间区域和心部会有不同的应力场分布,呈现出相对平衡的状态。当材料切断加工时,随着电极丝的移动,残余应力的能量转变为塑性功,使材料发生变形,从而出现加工后的图形与电极丝移动轨迹不一致的现象,甚至产生断裂。所以,线切割加工对工件毛坯锻造以及热处理工艺要求很高,应采取一切措施减少材料变形对加工精度的影响。

（1）工件毛坯的准备

工件毛坯的准备一般包括下列步骤。

①预孔加工。

为了减少由残余应力引起的材料变形,不论什么性质的工件(凸模或凹模),都应在毛坯的适当位置进行预孔加工,即穿丝孔的加工。孔的大小与其距离工件边缘的尺寸、距切割轨迹的远近有关,如图3.2.14所示。

起始孔应放在毛胚废料多的一边,孔径以及其距边缘的尺寸应视工件厚度而定。从图3.2.15中可以看出预孔直径与工件厚度的关系。

在切割窄槽时,起始孔要放在图形的最宽处,不允许起始孔与切割轨迹存在相交现象如图3.2.16所示。

②热处理。热处理是为了减少在线切割加工过程中的材料变形,力求最大限度地减少锻造、热处理时产生的组织缺陷和残余应力。

为减少材料变形对加工精度的影响,在热处理前,可进行预加工,如图3.2.17所示。凹模留3～5 mm的余量,凸模可在工件四周切槽。热处理后,应彻底清除穿丝孔内杂物及氧化皮等不导电物质,确保切割的顺利进行。

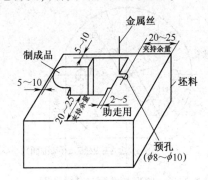

图3.2.14　预孔位置图

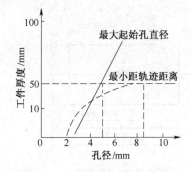

图3.2.15　孔径与工件厚度关系

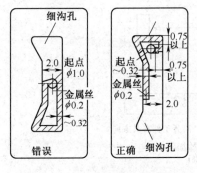

图3.2.16　加工窄槽时起点的取法

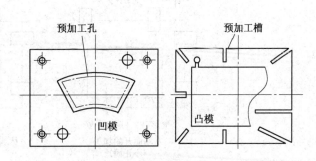

图3.2.17　材料预加工图

③材料选择。

选择淬透性好、热处理变形小的材料。对于冷冲模具,所选用的钢可分为碳素工具钢和合金工具钢两大类。碳素工具钢(TSA,T10A)来源广泛,但最大的缺点是淬透性差,热处理变形大,残余应力显著,回火稳定性差。在线切割加工中,材料易变形,甚至崩裂。

合金工具钢由于其他元素的加入,使材料的性能大为改善。因此,当采用线切割工艺加工模具时,应尽量选择 Cr12、CrWMn、Cr12MoV、GCr15 等合金钢。

④基准面。

切割时,工件大都需要有基准面。基准面必须精磨。当切割图形对位置精度要求较高时,除有基准面外,最好在工件中心设置一个 $\phi2 \sim \phi6$ mm、有效深度为 $3 \sim 5$ mm 的基准孔,如图 3.2.18 所示。

基准孔的直径绝对尺寸精度没有严格的要求,但需考虑其圆度以及定位尺寸精度。因此,必须利用坐标磨床进行精加工。若由于某种原因不能设置中心基准孔时,可以利用精坐标磨床精加工原有其他孔。

在圆形坯料上,加工的形状如果有指定方向,且对其加工形状的位置有精度要求时,应在毛坯的外周围设置 $1 \sim 2$ 个直线基准面及定位用的基准孔,如图 3.2.19 所示。

(2)电极丝的选择

电极丝的直径应根据工件加工的切缝宽度、工件厚度和拐角尺寸的要求来选择。如图 3.2.20 所示,对凹模内侧拐角 R 的加工,电极丝的直径应小于 1/2 切缝宽。即

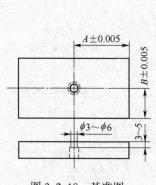

图 3.2.18 基准图

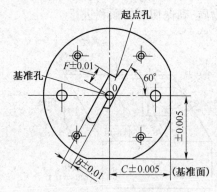

图 3.2.19 圆形基准面与基准孔图

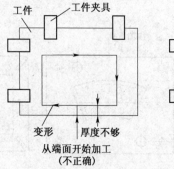

从端面开始加工
(不正确)

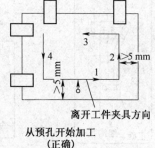

从预孔开始加工
(正确)

图 3.2.20 加工路线的选择

$$R \geqslant \phi/2 + \delta$$

式中: δ ——放电间隙;

　　ϕ ——电极丝直径。

所以,在微细加工时,必须使用直径细的电极丝。目前电极丝的种类很多,有钼丝、钨丝、紫铜丝、黄铜丝和各种专用钢丝,表 3.2.5 是电火花线切割常用的电极丝。

表 3.2.5　各种电极丝的特点

材质	丝径/mm	特　点
紫铜	0.1~0.25	适合切割速度要求不高或精加工的场合,丝不易卷曲,抗拉强度低,容易断丝

为了满足切缝和拐角的要求,需要选用线径细的电极丝,但这样加工工件的厚度受到限制。表 3.2.6 列出线径与拐角 R 的极限和加工厚度的极限值。

表 3.2.6　线径与拐角和工件厚度的极限

电级线径 ϕ/mm	拐角 R 极限/mm	切割工件厚度/mm
钨 0.05	0.04~0.07	0~10
钨 0.07	0.05~0.10	0~20
钨 0.10	0.07~0.12	0~30
黄铜 0.15	0.10~0.16	0~50
黄铜 0.20	0.12~0.20	0~100
黄铜 0.25	0.15~0.22	0~100

加工槽宽一般随电极丝张力的增加而减小,随电参数的增大而增加,因此,拐角的大小是随加工条件变化的。

通过对加工条件的选择,实际加工工件厚度可大于表中的值,但容易使加工表面产生纹路,以及使拐角部位的塌角形状恶化。

(3)加工路线的选择

在加工中,工件内部应力的释放会引起工件的变形,所以在选择加工路线时,必须注意以下几个问题。

①避免从工件端面开始加工,应从预孔开始,如图 3.2.20 所示。

②加工路线距离端面(侧面)应大于 5 mm。

③应从离开工件夹具的方向开始加工(即不要刚开始加工就趋近夹具),最后再转向工件夹具的方向,如图 3.2.20 所示,由 1 段至 2、3、4 段。

④要在一块毛坯上切出两个以上零件时,不应一次切割出来,而应从不同预孔开始加工,如图 3.2.21 所示。

(4)工件装夹与穿丝

工件装夹的正确与否,除影响工件的加工精度外,有时还影响加工的顺利进行。

工件必须留有足够的夹持余量,比较大的工件还得有两个支承面,不能悬臂。装夹工件前,应校正好电极丝与工件装夹台面的垂直度;然后根据图纸及工艺要求,明确切割内容、工位基准和切割顺序。有工艺孔的工件,还要核对孔位是否与工艺要求相同。有磁性的坯料应进行退磁。为避免装夹工件时碰断电极丝,最好将丝筒转到换向的一端。装夹工件时,要根据图

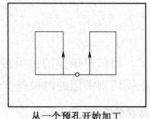
从一个预孔开始加工
（不正确）

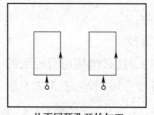
从不同预孔开始加工
（正确）

图 3.2.21　从一块毛坯上加工两个以上零件的加工路线

纸的加工精度用百分表等量具找正基准面,使工件的基准面与机床的两轴 X 向或 Y 向相平行。

装夹位置要适当,工件的切割范围应在机床的拖板行程的允许范围内,并注意在切割过程中不应使工件与夹具碰到线架的任何部分。工件装夹完毕,应清除工作台上的杂物。

装夹完毕要进行穿丝。穿丝前,应先检查电极丝的直径是否和编程规定的电极丝直径相同。电极丝损耗到一定程度时要换丝。绕丝完毕后,检查电极丝所经过的路线各个位置是否正确,特别要注意电极丝是否在导轮槽内。电极丝不可与穿丝孔壁接触。

（5）定位

定位方法有两种,即以孔为基准的定位法和以工件端面为基准的定位法,通常采用让金属电极丝和被加工物发生电接触的方式定位。图 3.2.22 所示是两种定位方法的示意图

①以孔为基准。

以孔为基准时,孔要用坐标磨床进行精加工,电极丝接触部位尺寸为 $3 \sim 5$ mm,以 R 为半径进行倒棱,孔内必须清洁无污,定位精度可达到 $5 \sim 10$ μm。

②以端面为基准。

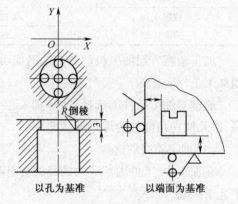

图 3.2.22　定位方法

以孔为基准　　以端面为基准

用端面定位,其精度不如以孔为基准的定位精度高。这是由于工件厚度以及基准面的状态不同会引起的误差。用端面为基准定位,因为只是一个方向的定位,与以孔为基准相比容易产生误差,难以达到高精度要求。一般进行定位时,由于条件不同（比如定位面有无氧化层、有无工作液、金属丝的张力大小等）,容易产生定位误差。故进行定位时,最好多做几次。

（6）试切与切割

一般来说,在正式切割前,对加工质量要求高的工件最好进行试切。试切的材料应该为拟切割工件的材料。经过试切可以确定加工时的各种参数。有时为了检查程序编制的正确与否,也可采用薄板进行试切。慢速走丝线切割加工的切缝宽度因工艺条件的差异而变化较大,因此在正式切割前必须进行试切。

机床的启动过程应按操作须知进行。切割加工中的注意事项如下:

①数控切割时,凡是未经严格审核而又比较复杂的程序,以及穿孔后没有校对的纸带均不宜直接用来加工模具零件,而应先进行空机运转或用薄钢板试切。经确认无误后,方可正式加工。

②进给速度应根据工件厚度、材质等方面的要求在加工前调整好,也可以在切割工艺线上进行调整。从加工正式开始一直到加工结束,均不宜变动进给控制旋钮。

③切割过程中遇到以下问题应及时处理。

(7)加工过程中特殊情况的处理

①短时间临时停机。当某一程序尚未切割完毕需要暂时停机片刻时,应先关闭控制台的高频、变频及进给按钮,然后关闭脉冲电源的高压、工作液压泵和走丝电动机,其他的可不必关闭(只要不关闭控制台电源,控制机就能保存停机时剩下的程序)。重新开机时,应按下述次序操作:先开走丝电动机、工作液泵、高频电源,再合变频开关、高频开关,即可继续加工。

②断丝处理。

③控制机出错或突然停电。它们一般出现在待加工模具零件的废料部位且模具零件的精度要求又不太高的情况下,应待排除故障后,将钢丝退出,拖板移到起始位置,重新加工即可。

④短路的排除。发生短路时应立即关掉变频,待其消除短路;如此法不能奏效,则应关掉高频电流,用酒精、汽油、丙酮等溶剂冲洗短路部分;如仍不能消除短路,应把丝抽出,退回起始点,重新加工。

目前在应用计算机进行控制时,断丝、短路都会自行处理,在断电情况下也能保持记忆。

(8)后续处理

线切割加工完成后,由于被加工模具的表面粗糙度不理想,以及加工表面产生与基体成分和性能完全不同的变质层,影响模具质量和寿命,线切割加工后还要进行后续处理(精修和抛光)。

目前,后续处理常采用手工精修和抛光(挫刀、砂纸、油石等),这些方法劳动强度大、效率低,影响模具制造周期。下面介绍几种较先进的后续处理的方法。

①机械抛光。机械抛光分电动(或气动)工具和抛光专用机床两种。电(气)动工具又分为回转式、往复式两种,回转式电动工具如原西德的软轴磨头,往复式电动工具实际上就是电动挫刀。为了提高效率,还使用专门为抛光模具而设计制造的抛光专用机床。

②挤压珩磨抛光。挤压珩磨抛光又称磨料流动加工。它是利用半流动状态的磨料在一定压力下强迫通过被加工表面,经磨料颗粒的磨削作用而去除工件表面变质层材料。磨料流体介质一般由基体介质、添加剂、磨料三种成分混合而成,而基体介质属于一种新弹性高分子化合物,起黏结作用。磨料使用氧化铝、碳化硼、碳化硅、金刚石粉等,视工件材料选用。抛光铝框架挤压模可由 $Ra3.2 \sim Ra0.6 \ \mu m$ 抛光到 $Ra0.4 \ \mu m$。原手工抛光需 4 h,改用挤压珩磨只需 15 min 左右。硬质合金模由 $Ra0.8 \ \mu m$ 抛光到 $Ra0.1 \ \mu m$,只需 10 min 左右。

③超声波抛光。超声波抛光是利用换能器将超声波电能转换为机械动能,使抛光工具发生超声波谐振,在工件与工具之间有适量的研磨液对工件进行剥蚀,实现超声波抛光。抛光可达到 $Ra0.3 \ \mu m$。

④化学抛光。化学抛光是利用化学腐蚀剂对金属表面进行腐蚀加工,以改善表面粗糙度。

这种抛光技术不需要专用设备,节约电能,使用方便。对形状复杂(包括薄壁窄槽模具)的型腔模具也可进行抛光,并能保证几何精度。腐蚀剂以盐酸为主,加入各种添加剂。抛光后表面粗糙度值可达 $Ra0.1~\mu m$。

(9)加工实例

图 3.2.23(a)所示为型孔零件,工件厚度为 15 mm,加工表面粗糙度为 $Ra3.2~\mu m$,其双边配合间隙为 0.02 mm,电极丝为 $\phi0.18$ mm 的钼丝,双面放电间隙为 0.02 mm。

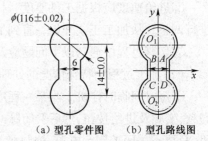

（a）型孔零件图　　（b）型孔路线图

图 3.2.23　型孔切割程序

①程序编制。

确定补偿距:

补偿距离 $\Delta t = 0.18/2 + 0.02/2 = 0.01$ mm

电极丝中心轨迹如图 3.2.23(b)所示。确定加工路线切割型孔时,在中心 O_1 钻孔,从 O_1 开始切割。电极丝中心的切割顺序是 O_1A—弧 AB—BC—弧 CD—DA—AO_1。

②编制切割程序单。

B2900 B4907 B4907 GYL4

B2900 B4907 B1700 GXNR4

B0 B4186 B4186 GYL4

B2900 B4907B1700 GXNR2

B0 B4186 B4186 GY12

B2900 B4907 B4907 GY12

DD

③脉冲电源参数选择见表 3.2.7。

表 3.2.7　脉冲电源参数选择

脉冲波形	脉冲宽度/μs	脉冲间隙/μs	功放管数
矩形脉冲	20	4	3

 思考与练习

一、问答题

1. 数控电火花机床的组成。

2. 数控电火花的使用范围。

3. 熟悉自动编程过程。

4. 数控电加工有哪几种编程方法?

5. 加工前的准备工作。

6. 电火花在加工中的注意事项。

7. 数控电加工手动编程和自动编程的区别。

8. 数控电加工在加工中的注意事项。

二、操作练习

1. 熟悉数控电加工自动编程的步骤。
2. 熟悉数控电加工的控制面板操作。
3. 有关数控程序处理的一系列操作。
4. 编程零点设定在工件上表面的练习。
5. 根据图 3.2.24 所示综合零件,试编程加工。

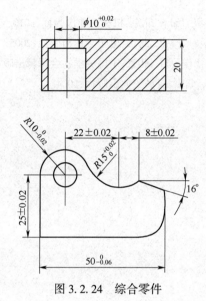

图 3.2.24　综合零件

参 考 文 献

[1] 李红波,张伟峰.数控车工(高级)[M].北京:机械工业出版社,2010.

[2] 谢晓红.数控车削编程与加工技术[M].北京:电子工业出版社,2005.

[3] 朱丽芬.数控加工工艺编程与操作[M].北京:中国劳动社会保障出版社,2008.

[4] 袁锋.数控车床培训教程[M].北京:机械工业出版社,2004.